设施葡萄促早栽培

实用技术手册 （彩图版）

刘凤之　王海波　主编

U0395195

中国农业出版社

主　　编　　刘凤之　王海波

编写人员　　刘凤之　王海波

　　　　　　王宝亮　王孝娣

　　　　　　魏长存　冯晓宇

　　　　　　宋国华　刘万春

　　　　　　何锦兴　谢计蒙

前言

　　葡萄设施栽培作为露地自然栽培的特殊形式，是指在不适宜葡萄生长发育的季节或地区，在充分利用自然环境条件的基础上，利用温室、塑料大棚和避雨棚等保护设施，改善或控制设施内的环境因子（包括光照、温度、湿度和CO_2浓度等），为葡萄的生长发育提供适宜的环境条件，进而达到葡萄生产目标的、可人工调节的栽培模式，是一种高度集约化、资金、劳力和技术高度密集的农业高效产业。葡萄设施栽培为葡萄创造了可控的小区环境，这些人为创造的环境条件对葡萄的生长发育产生了全面而深刻的影响。因此，设施葡萄栽培技术体系在很大程度上区别于露地自然栽培。

　　中国农业科学院果树研究所作为国家葡萄产业技术体系综合研究室建设的依托单位，葡萄课题组作为国家葡萄产业技术体系设施栽培岗位团队和中国设施葡萄协作网建设团队，在国家现代农业产业技术体系建设专项资金、国家"十一五"科技支撑项目《资源高效利用型设施葡萄安全生产关键技术研究与示范（2006BAD07B06）》、国家公益性行业（农业）科研专项经费项目《优势产区优质葡萄发展方案及现代栽培与技术研究（nyhyzx07-027）》、中国农业科学院基本科研业务费项目《浆果类品种资源引进、筛选和关键技术研究（0032007217）》、中国农业科学院作物科学研究所中央级公益性科研院所基本科研业务费专项《优异果树资源收集与鉴定评价》及葫芦岛科技攻关重大专项《葡萄优质高效生产技术体系的创建与示范（07B01）》等国家、省、部和地方课题的资助下，经过多年科研攻关，建立了设施葡萄的"节本、优质、高效、生态、安全"生产技术体系，为确保设施葡萄栽培的成功奠定了理论基础，提供了技术保障，将有力推动我国设施葡萄的健康、可持续发展。

　　根据栽培目的的不同，设施葡萄栽培分为促早栽培、延迟栽培和避雨栽培等3种类型。其中促早栽培是指利用塑料薄膜等透明覆盖材料的增温效果，草苫、保温被等保温覆盖材料的保温效果，辅以温湿度控制，创造葡萄生长发育的适宜条件，使其比露地栽培提早萌芽、生长、发育，提早浆果成熟，实现淡季供应，提高葡萄栽培效益的一种栽培类型。根据催芽开始期和所采用设施的不同，通常将促早栽培分为冬促早栽培、春促早栽培和利用二次结果特性的秋促早栽培3种栽培模式。冬促早栽培常用日光温室作为栽培设施，根据各地气候条件和日光温室的保温能力，确定是否需要进行加温；根据不同葡萄品种的需冷量和日光温室的保温和加温能力，确定升温催芽的起始时间。通常冬促早栽培升温催芽的起始时间在当地露地葡萄萌芽前90～130天。春促早栽培常用塑料大棚作为栽培设施，由于该栽培方式保温能力差，所以开始升温催芽的时间比冬促早栽培延后，一般延后30～60天。秋促早栽培模式是指利用葡萄可以一年多次结果的特性，通过栽培措施，促使葡萄主梢或者夏芽副梢的冬芽或夏芽提前萌发并形成花序，使果实成熟期提前到当年12月份至翌年2月份的栽培方式。

本书介绍了葡萄设施选择与建造、品种与砧木选择、高标准建园、合理整形修剪、高效肥水利用、育壮促花、休眠调控、设施环境调控、花果管理、更新修剪（连年丰产）和病虫害综合防治等关键技术。

本书技术实用，操作性强。采用彩色图版形式，辅以文字说明，更加一目了然，便于广大读者学习。

编著者

目 录

第一章

设施选择与建造

一、设施选择

设施葡萄促早栽培设施的选择，首先需要考虑设施栽培的目的，其次要考虑种植者的经济水平和当地气候条件等因素。

目前，我国设施葡萄促早栽培常用的栽培设施主要有日光温室和塑料大棚。其中日光温室保温能力最强，适于进行葡萄的冬季生产。但建筑成本较高，适于经济条件较好的种植者。塑料大棚保温能力差，只适于进行葡萄的春季或深秋生产。但建筑成本低，适于经济条件一般的种植者。

冬促早栽培宜采用日光温室（图1-1）作为栽培设施；春促早栽培宜采用塑料大棚（图1-2）作为栽培设施；秋促早栽培宜采用日光温室（葡萄提前到元旦至春节期间成熟）或塑料大棚（葡萄提前到11 ~ 12月份）作为栽培设施。

图1-1　日光温室

1

图1-2　塑料大棚

二、设施设计与建造

设计与建造日光温室和塑料大棚时，最重要的参数包括采光参数和保温参数。

（一）采光参数

建造方位、高度、跨度、采光屋面角、采光屋面形状、后坡仰角和后坡水平投影长度及日光温室间距（图1-3）等是日光温室建造时重要的采光参数；而塑料大棚建造时的采光参数主要包括建造方位和大棚高度等。

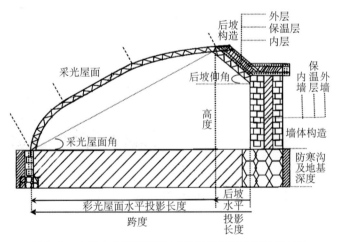

图1-3　中国农业科学院果树研究所节能日光温室结构

1.日光温室（塑料大棚）建造方位 日光温室建造方位以东西延长、坐北朝南，南偏东或南偏西最大不超过10°为宜，且不宜与冬季盛行风向垂直。

建造方位偏东或偏西要根据当地气候条件和温室的主要生产季节确定。一般说来，利用严冬季节进行生产的温室，如当地早上晴天多，少雾，且气温不太低，可充分利用上午阳光，以抢阳为好。这是因为葡萄上午的光合作用强度较高，建造方位南偏东，可提早0～40分钟接受太阳的直射光，对葡萄的光合作用有利。但是，高纬度地区冬季早晨外界气温很低，提早揭开草苫，温室内温度下降较大。因此，北纬40°以北地区，如辽宁、吉林、黑龙江、河北北部、新疆北部和内蒙古等地以及宁夏、西藏和青海等高原地区，为保温而揭苫时间晚，日光温室建造方位南偏西，有利于延长午后的光照蓄热时间，为夜间储备更多的热量，利于提高日光温室的夜间温度。北纬40°以南，早晨外界气温不是很低的地区，如山东、北京、江苏、天津、河北南部、新疆南部和河南等地区，日光温室建造方位可采用南偏东朝向。但若沿海或离水面近的地区，虽然温度不是很低，但清晨多雾，光照不好，需采取正南或南偏西朝向。

塑料大棚建造方位以东西方向、南北延长，大棚长边与真北线（子午线）平行为好。

若利用罗盘仪确定建造方位，需要进行矫正。这是因为罗盘仪所指的正南是磁南而不是真南，真子午线（真南）与磁子午线（磁南）之间存在磁偏角，各地磁偏角见表1-1。

表1-1 不同地区的磁偏角

地名	磁偏角	地名	磁偏角	地名	磁偏角	地名	磁偏角
北京	5°50′（西）	合肥	3°52′（西）	沈阳	7°44′（西）	兰州	1°44′（西）
天津	5°30′（西）	银川	2°35′（西）	大连	6°35′（西）	长春	8°53′（西）
济南	5°01′（西）	许昌	3°40′（西）	太原	4°11′（西）	徐州	4°27′（西）

（续）

地名	磁偏角	地名	磁偏角	地名	磁偏角	地名	磁偏角
西安	2°29′（西）	哈尔滨	9°39′（西）	包头	4°03′（西）	西宁	1°22′（西）
南京	4°00′（西）	乌鲁木齐	2°44′（东）	郑州	3°50′（西）	武汉	2°54′（西）
呼和浩特	4°36′（西）	满洲里	8°40′（西）	拉萨	0°21′（西）	漠河	11°0′（西）

建造方位的确定也可用标杆法确定。该方法简单易行，准确度高。具体操作：在地面将标杆垂直立好，接近中午时，观测标杆的投影，最短的投影方向为真南方向，把投影延长，就是真南真北延长线；再用勾股法做真子午线的垂直线，便是真东西方向线。

2. 日光温室（塑料大棚）高度 在日光温室和塑料大棚内，光照强度随高度变化明显。以棚膜为光源点，高度每下降1米，光照强度便降低10%～20%。因此，日光温室和塑料大棚高度要适宜，并不是越高越好。日光温室一般以2.8～4.0米为宜，而塑料大棚一般以2.5～3.5米为宜。

3. 日光温室（塑料大棚）跨度 温室跨度等于温室采光屋面水平投影与后坡水平投影之和，影响着温室的光能截获量和土地利用率。跨度越大，截获的太阳直射光越多。但温室跨度过大，温室保温性能下降，且造价显著增加。

实践表明，在使用传统建筑材料、透明覆盖材料，并采用草苫保温的条件下，在暖温带的大部分地区（山东、山西南部、陕西、江苏、安徽北部、河南、河北、北京、天津和新疆南部等）建造日光温室，其跨度以8米左右为宜；暖温带的北部地区和中温带南部地区（辽宁、内蒙古南部、甘肃、宁夏、山西北部、新疆中部和东部等），跨度以7米左右为宜；在中温带北部地区和寒温带地区（吉林、新疆北部、黑龙江和内蒙古北部等）跨度以6米左右为宜。上述跨度有利于使日光温室同时具备造价低、高效节能和实现周年生产三大特性。

塑料大棚跨度和其高度有关。一般地区高跨比（高度／跨度）以0.25～0.3最为适宜。因此，其跨度一般以8～12米为宜。

4. 日光温室（塑料大棚）长度 从便于管理且降低温室单位土地建筑成本和提高空间利用率考虑，日光温室长度一般以60～100米为宜。塑料大棚主要从牢固性方面考虑，其长跨比（长度／跨度）以不小于5为宜，长度一般以40～80米为宜。

5. 日光温室采光屋面角 日光温室采光屋面角根据合理采光时段理论（张真和）确定，即要求日光温室在冬至前后每日要保持4小时以上的合理采光时间，即在当地冬至前后，保证10时至14时（地方时）太阳对日光温室采光屋面的投射角均要大于50°（太阳对日光温室采光屋面的入射角小于40°）。

确定公式（中国农业科学院果树研究所采光屋面角公式）如下：

$$tg\ \alpha = tg\ (50° - h_{10})\ /cos t_{10}$$

$$sinh_{10} = sin\phi \cdot sin\delta + cos\phi \cdot cos\delta \cdot cos t_{10}$$

式中：h_{10}——冬至上午10时的太阳高度角；ϕ——地理纬度；δ——赤纬，即太阳所在纬度；t_{10}——上午10时太阳的时角[*]，为30°；α——合理采光时段屋面角（表1-2，表1-3）。

表1-2 各季节的太阳赤纬 δ

季节	夏至	立夏	立秋	春分	秋分	立春	立冬	冬至
日／月	21／6	5／5	7／8	20／3	23／9	5／2	7／11	22／12
赤纬 δ	+23°27′	+16°20′	0°		-16°20′			-23°27′

表1-3 不同纬度地区的合理采光时段屋面角 α

北纬	h_{10}	α	北纬	h_{10}	α	北纬	h_{10}	α
30°	29.23°	23.65°	32°	27.53°	25.53°	34°	25.81°	27.42°
31°	28.38°	24.59°	33°	26.67°	26.47°	35°	24.95°	28.36°

[*] 时间角简称时角。它等于15×偏离正午的小时数，当地时间12时的时角为0°；前后每隔1小时；增加360／24＝15°；如10时和14时均为15×2＝30°；时角从中午12时到午夜为正；从午夜到中午12时为负。

（续）

北纬	h_{10}	α	北纬	h_{10}	α	北纬	h_{10}	α
36°	24.09°	29.29°	40°	20.61°	33.04°	44°	17.12°	36.74°
37°	23.22°	30.23°	41°	19.74°	33.97°	45°	16.24°	37.67°
38°	22.35°	31.17°	42°	18.87°	34.89°	46°	15.36°	38.58°
39°	21.49°	32.10°	43°	17.99°	35.82°	47°	14.48°	39.49°

我国的东北和西北地区冬季光照良好，日照率高。因此，日光温室的采光屋面角可在合理采光时段屋面角的基础上下调3°～6°。

塑料大棚因为建造方位为南北延长，所以不存在合理采光屋面角确定的问题。

6. 日光温室（塑料大棚）采光屋面形状 温室采光屋面形状与温室采光性能密切相关。当温室的跨度和高度确定后，温室采光屋面形状就成为日光温室截获日光能量多少的决定性因素。平面形（A）、椭圆拱形（B）和圆拱形（C）屋面三者以圆拱形（C）屋面采光性能为最佳（图1-4）。

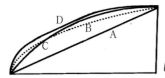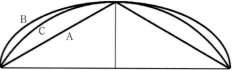

图1-4 日光温室和塑料大棚采光屋面形状
A. 平面形　B. 椭圆拱形　C. 圆拱形　D. "两弧一直线"曲直形

图1-5 "两弧一直线"三段式曲直形采光屋面

在圆拱形采光屋面的基础上，中国农业科学院果树研究所葡萄课题组（国家葡萄产业技术体系综合研究室设施栽培岗位团队，中国设施葡萄协作网建设团队）在不改变采光屋面角和温室高度的基础上将温室采光屋面形状由一段弧的圆拱形改为"两弧一直线"三段式曲直形（已申请专利）（图1-5），简称"曲直形"（D）（即上下两段弧，中间为两弧的切线），将温室主要采光屋面的采光效果大大改善。

与日光温室不同，塑料大棚采光屋面形状与大棚采光好坏关系不大。但与大棚稳定性密切相关。以流线型采光屋面的塑料大棚稳定性最佳。流线型采光屋面由以下公式确定（采光屋面曲线的原点是地平线与棚面曲线左端的交点，见图）。

$$y=4h（L-x）x／L^2$$

式中：y——大棚流线型曲线的纵坐标；x——对应于相应y值的横坐标；h——大棚的矢高；L——大棚的跨度；h／L（高跨比，矢高与跨度之比）以0.25～0.3为宜；低于0.25会导致棚内外差值过大，棚内压强对膜举力增大；高于0.3时，棚面过陡而使风荷载增大，两者均影响大棚的稳定性。

由上面公式确定的流线型采光屋面是最理想的曲线。但是，它的两侧太低，会严重影响栽培操作。因此根据实际情况对上述流线型采光屋面进行适当调整，得到三圆复合拱型流线形采光屋面。图1-6右是三圆复合拱形流线型采光屋面的放样图。

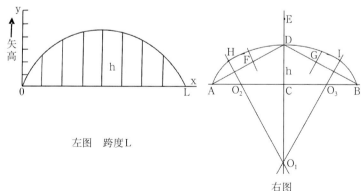

左图　跨度L

右图

图1-6　流线形采光屋面塑料大棚

①首先确定跨度L（米），然后设定高跨比，一般取高跨比h／L＝0.25～0.3；

②绘水平线和它的垂线，两者交于C点，点C是大棚跨度的中心点；

③将跨度L的两个端点对称于中点C，定位在水平线上；

④确定高h（h=0.25L），将长度由C点向上伸延到D点（CD=h）；

⑤以C为圆点，以AC为半径画圆交垂直轴线于E点；

⑥连接AD和BD形成两条辅助线，再以D为圆心，以DE为半径画圆，与辅助线相交于F和G点；

⑦过AF和GB线的中点分别作垂线交EC延长线于O_1点；同时与AB线相交于O_2和O_3；

⑧以O_1为圆心，以O_1D为半径画弧线，分别交于O_1O_2和O_1O_3延长线的H、I点；

⑨分别以O_2、O_3为圆心，以O_2A和O_3B为半径画弧，分别与H、I点相交得到大棚基本圆拱形AHDIB。

7. 日光温室后坡仰角　后坡仰角是指日光温室后坡面与水平面的夹角，其大小对日光温室的采光性能有一定影响。后坡仰角大小应视日光温室的使用季节而定。在冬季生产时，尽可能使太阳直射光能照到日光温室后坡面内侧；在夏季生产时，则应避免太阳直射光照到后坡面内侧。

对后坡仰角，中国农业科学院果树研究所葡萄课题组（国家葡萄产业技术体系综合研究室设施栽培岗位团队）将以前的短后坡小仰角进行了调整。调整为长后坡高仰角（表1-4），后坡仰角以大于当地冬至正午太阳高度角15°～20°为宜，可以保证10月上旬至次年3月上旬之间正午前后后墙甚至后坡接受直射阳光，受光蓄热，大大改善了温室后部光照。

表1-4　不同纬度地区的合理后坡仰角

北纬	h_{12}	α	北纬	h_{12}	α	北纬	h_{12}	α
30°	36.5°	51.5°～56.5°	31°	35.5°	50.5°～55.5°	32°	34.5°	49.5°～54.5°

（续）

北纬	h_{12}	α	北纬	h_{12}	α	北纬	h_{12}	α
33°	33.5°	48.5° ~ 53.5°	38°	28.5°	43.5° ~ 48.5°	43°	23.5°	38.5° ~ 43.5°
34°	32.5°	47.5° ~ 52.5°	39°	27.5°	42.5° ~ 47.5°	44°	22.5°	37.5° ~ 42.5°
35°	31.5°	46.5° ~ 51.5°	40°	26.5°	41.5° ~ 46.5°	45°	21.5°	36.5° ~ 41.5°
36°	30.5°	45.5° ~ 50.5°	41°	25.5°	40.5° ~ 45.5°	46°	20.5°	35.5° ~ 40.5°
37°	29.5°	44.5° ~ 49.5°	42°	24.5°	39.5° ~ 44.5°	47°	19.5°	34.5° ~ 39.5°

注：h_{12}为冬至正午时刻的太阳高度角，α为合理后坡仰角。

8.日光温室后坡水平投影长度 日光温室后坡长短直接影响日光温室的保温性能及其内部的光照情况。当日光温室后坡长时，日光温室的保温性能提高。但这样当太阳高度角较大时，就会出现温室后坡遮光现象，使日光温室北部出现大面积阴影。而且日光温室后坡长，其前屋面的采光面将减小，造成日光温室内部白天升温过慢。反之，当日光温室后坡面短时，日光温室内部采光较好。但保温性能却相应降低，形成日光温室白天升温快、夜间降温也快的情况。

实践表明，日光温室的后坡水平投影长度一般以1.0 ~ 1.5米为宜。

9.日光温室（塑料大棚）间距 日光温室间距的确定原则：保证后排温室在冬至前后每日能有6小时以上的光照时间，即在9时至15时（地方时），前排温室不对后排温室构成遮光。计算公式：

$$L = [(D_1 + D_2) / tgh_9] \cdot cost_9 - (l_1 + l_2)$$

式中，L——前后排温室的间距；D_1——温室的脊高；D_2——草苫或保温被等保温材料卷的直径，通常取0.5米；h_9——冬至9时的太阳高度角；t_9——9时的太阳时角，为45°；l_1——后坡水平投影；l_2——后墙底宽。

塑料大棚间距一般东西以3米为宜，便于通风透光。但对于冬春雪大的地区至少4米以上；南北间距以5米左右为宜（表1-5）。

表1-5　不同纬度地区的合理日光温室间距

北纬	D₁(米)	h₉	L(米)	北纬	D₁(米)	h₉	L(米)	北纬	D₁(米)	h₉	L(米)
30°	3~4	21.24°	4.9~6.7	36°	3~4	16.88°	6.7~9.0	42°	3~4	12.42°	9.7~12.9
31°	3~4	20.51°	5.1~7.0	37°	3~4	16.13°	7.1~9.5	43°	3~4	11.67°	10.5~13.9
32°	3~4	19.79°	5.4~7.3	38°	3~4	15.40°	7.5~10.0	44°	3~4	10.92°	11.3~15.0
33°	3~4	19.07°	5.7~7.7	39°	3~4	14.66°	8.0~10.7	45°	3~4	10.17°	11.8~15.7
34°	3~4	18.34°	6.0~8.1	40°	3~4	13.92°	8.5~11.3	46°	3~4	9.42°	12.9~17.2
35°	3~4	17.61°	6.3~8.5	41°	3~4	13.17°	9.1~12.1	47°	3~4	8.66°	14.2~18.9

10. 透明覆盖材料——塑料薄膜　目前生产上应用的塑料棚膜主要有聚乙烯棚膜、聚氯乙烯棚膜和乙烯—醋酸乙烯共聚物棚膜3大类：

（1）聚乙烯（PE）棚膜。具有密度小、吸尘少、无增塑剂渗出、无毒、透光率高等特点，是我国当前主要的棚膜品种。其缺点是保温性差，使用寿命短，不易黏接，不耐高温日晒（高温软化温度为50℃）。要使聚乙烯棚膜性能更好，必须在聚乙烯树脂中加入许多助剂改变其性能，才能适合生产的要求。主要产品：

① PE普通棚膜。它是在聚乙烯树脂中不添加任何助剂所生产的膜。最大缺点是使用年限短，一般使用期为4~6个月。

② PE防老化（长寿）膜。在PE树脂中按一定比例加入防老化助剂（如紫外线吸收剂、抗氧化剂等）吹塑成膜，可克服PE普通膜不耐高温日晒、不耐老化的缺点。目前我国生产的PE防老化棚膜可连续使用12~24个月，是目前设施栽培中使用较多的棚膜品种。

③ PE耐老化无滴膜（双防膜）。是在PE树脂中既加入防老化助剂（如紫外线吸收剂、抗氧化剂等），又加入流滴助剂（表面活性剂）等功能助剂吹塑成膜。该膜不仅使用时间长，而且可使露

滴在膜面上失去亲水作用性，水珠向下滑动，从而增加透光性，是目前性能安全、适应性较广的棚膜品种。

④PE保温膜。在PE树脂中加入保温助剂（如远红外线阻隔剂）吹塑成膜，能阻止设施内的远红外线（地面辐射）向大气中的长波辐射，从而把设施内吸收的热能阻挡在设施内，可提高保温效果1～2℃，在寒冷地区应用效果好。

⑤PE多功能复合膜。在PE树脂中加入防老化助剂、保温助剂、流滴助剂等多种功能性助剂吹塑成膜。目前我国生产的该膜可连续使用12～18个月，具有无滴、保温、使用寿命长等多种功能，是设施冬春栽培理想的棚膜。

（2）聚氯乙烯（PVC）棚膜。它是在聚氯乙烯树脂中加入适量的增塑剂（增加柔性）压延成膜。其特点是透光性好，阻隔远红外线，保温性强，柔软易造型，好黏接，耐高温日晒（高温软化温度为100℃），耐候性好（一般可连续使用1年左右）。其缺点是随着使用时间的延长增塑剂析出，吸尘严重，影响透光；密度大，一定重量棚膜覆盖面积较聚乙烯棚膜减少24%，成本高；不耐低温（低温脆化温度为-50℃），残膜不能燃烧处理，因为会有有毒氯气产生。可用于夜间保温性要求较高的地区。

①普通PVC膜。不加任何助剂吹塑成膜，使用期仅6～12个月。

②PVC防老化膜。在PVC树脂中按一定比例加入防老化助剂（如紫外线吸收剂、抗氧化剂等）吹塑成膜，可克服PVC普通膜不耐高温日晒、不耐老化的缺点。目前我国生产的PVC防老化膜可连续使用12～24个月，是目前设施栽培中使用较多的棚膜品种。

③PVC耐老化无滴膜（双防膜）。是在PVC树脂中既加入防老化助剂（如紫外线吸收剂、抗氧化剂等），又加入流滴助剂（表面活性剂）等功能助剂吹塑成膜。该膜不仅使用时间长，而且可使露滴在膜面上失去亲水作用性，水珠向下滑动，从而增加透光性。该膜的其他性能和PVC普通膜相似，比较适宜冬季和早春自然光线弱、气温低的地区。

④PVC耐候无滴防尘膜。是在PVC树脂中加入防老化助剂、

保温助剂、流滴助剂等多种功能性助剂吹塑成膜。经处理的薄膜外表面，助剂析出减少，吸尘较轻，提高了透光率，同时还具有耐老化、无滴性的优点，对冬春茬生产有利。

（3）乙烯—醋酸乙烯共聚物（EVA）棚膜。一般使用厚度为 0.10 ～ 0.12 毫米，在 EVA 中，由于醋酸乙烯单体（VA）的引入，使 EVA 具有独特的特性：

①树脂的结晶性降低，使薄膜具有良好的透明性。

②具有弱极性，使膜与防雾滴剂有良好的相容性，从而使薄膜保持较长的无滴持效期。

③EVA 膜对远红外线的阻隔性介于 PVC 和 PE 之间，因此保温性能为 PVC ＞ EVA ＞ PE。

④EVA 膜耐低温、耐冲击，因而不易裂开。

⑤EVA 膜黏接性、透光性、爽滑性等都强于 PE 膜。

综合上述特点，EVA 膜适用于冬季温度较低的高寒山区。

（4）漫反射棚膜。漫反射棚膜是 PE 树脂中掺入调光物质（漫反射晶核），使直射的太阳光进入棚膜后形成均匀的散射光，使作物光照均匀，促进光合作用。同时，减少设施内的温差，使作物生长一致。

（5）PO 农膜。PO 系特殊农膜，是以 PE、EVA 树脂为基础原料，加入保温强化助剂、防雾助剂、抗老化助剂等多种助剂，通过 2 ～ 3 层共挤工艺生产的多层复合功能膜，克服了 PE、EVA 树脂的缺点，使其具有较高的保温性；具有高透光性，且不沾灰尘，透光率下降慢；耐低温；燃烧不产生有害气体，安全性好；使用寿命长，可达 3 ～ 5 年。缺点：延伸性小，不耐磨，形变后复原性差。

（6）氟素农膜。氟素农膜是由乙烯与氟素乙烯聚合物为基质制成，是一种新型覆盖材料。主要特点：超耐候性，使用期可达 10 年以上；超透光性，透光率在 90% 以上，并且连续使用 10 ～ 15 年，不变色，不污染，透光率仍在 90%；抗静电力极强，超防尘；耐高、低温性强；可在 -180 ～ 100℃ 温度范围内安全使用，在高温强日下与金属部件接触部位不变性，在严寒冬季不硬化、不脆裂。氟素膜最大缺点是不能燃烧处理，用后必须由厂家收回再生利用；另一方面是价格昂贵。该膜在日本大面积使用，在欧美国家应用面积也很大。

（二）保温参数

1. 墙体

（1）三层夹心饼式异质复合结构。内层为承重和蓄热放热层，一般为蓄热系数大的砖石结构（厚度以24～37厘米为宜），并用深色涂料（图1-7）涂抹为宜，为增加受热面积，提高蓄热、放热能力，可添加穹形构造（图1-8）；中间为保温层，一般为空心或添加蛭石、珍珠岩或炉渣（厚度20～40厘米为宜）或保温苯板（厚度以5～20厘米为宜），以保温苯板保温效果最佳；外层为承重层或保护层，一般为砖结构，厚度12～24厘米为宜（图1-9）。

图1-7　墙体涂为深色

图1-8　穹形构造

图1-9　三层异质复合墙体

（2）**两层异质复合结构**。内层为承重和蓄热、放热层，一般为砖石结构（厚度要求24厘米以上），同样用黑色涂料涂抹为宜，为增加受热面积，提高蓄热放热能力，可添加穹形构造；外层为保温层，一般为堆土结构，堆土厚度最窄处以当地冻土层厚度加20～40厘米为宜（图1-10）。

（3）**单层结构**。墙体为土壤堆积而成，墙体最窄处厚度以当地冻土层厚度加60～80厘米为宜（图1-11）。

图1-10　两层异质复合结构　　图1-11　单层结构（土墙）墙体
（内层砖墙，外层土墙）墙体

2. 后坡

（1）**三层夹心饼式异质复合结构**（图1-12）。内层为承重和蓄热、放热层，一般为水泥构件或现浇混凝土构造（厚度5～10厘米为宜），并用黑色涂料涂抹为宜；中间为保温层，一般为蛭石、珍珠岩或炉渣（厚度20～40厘米为宜）或保温苯板（厚度以5～20厘米为宜），以保温苯板保温效果最佳；外层为防水层或保护层，一般为水泥砂浆构造并做防水处理，厚度以5厘米左右为宜。

（2）**两层异质复合结构**。内层为承重和蓄热、放热层，一般为水泥构件或混凝土构造（厚度5～10厘米为宜）；外层为保温层，一般为秸秆或草苫、芦苇等，厚度以0.5～0.8米为宜，秸秆或草苫、芦苇等外面最好用塑料薄膜包裹，然后再草泥护坡。

（3）**单层结构**。后坡（图1-13）为玉米等秸秆、杂草或草苫、芦苇（图1-14，图1-15）等堆积而成，厚度一般以0.8～1.0米为宜，以塑料薄膜包裹（图1-16），外层常用草泥护坡（图1-17）。

图1-12 异质复合结构后坡

图1-13 单层结构后坡

图1-14 单层结构后坡内层芦苇板

图1-15 单层结构后坡中间麦秸层

图1-16 单层结构后坡中间用塑料
薄膜保护

图1-17 单层结构后坡外层草泥护坡

3.保温覆盖材料 在葡萄设施栽培中，除覆盖透明材料外，为了提高设施的防寒保温效果，使葡萄不受冻害，还要覆盖草苫（图1-18）、纸被和保温被（图1-19，图1-20）等保温材料。

图1-18 草苫

图1-19 普通保温被
（中间保温层为旧棉絮或工业毛毡等）

图1-20 新型保温被
（中间保温层为疏水发泡材料）

（1）草苫（帘）。草苫（帘）是用稻草、蒲草或芦苇等材料编织而成。草苫（帘）一般宽1.2～2.5米，长为采光面之长再加上1.5～2米，厚为4～7厘米。盖草苫一般可增温4～7℃。但实际保温效果与草苫的厚度、材料有关。蒲草和芦苇的增温效果相对较好一些，制作草苫简单方便，成本低，是当前设施栽培覆盖保温的首选材料，一般可使用3～4年。

（2）纸被。在寒冷地区或季节，为了弥补草苫保温能力的不足，进一步提高保温防寒效果，可在草苫下边增盖纸被。纸被系由4层旧水泥袋或6层牛皮纸缝制成和草苫大小相同的覆盖材料。纸被可弥补草苫缝隙，保温性能好，一般可增温5~8℃，但冬春季多雨雪地区，易受雨淋而损坏，应在其外部包一层薄膜可达防雨的目的。

（3）保温被。一般由3~5层不同材料组成，外层为防水层（塑料膜或无纺布或镀铝反光膜等），中间为保温层（旧棉絮或纤维棉或废羊毛绒或工业毛毡等），内层为防护层（一般为无纺布，质量高的添加镀铝反光膜以起到反射远红外线的作用）。其特点是重量轻、蓄热、保温性高于草苫和纸被，一般可增温6~8℃，在高寒地区可达10℃。但造价较高。如保管好可使用5~6年。缺点是中间保温层吸水性强。针对这一缺点目前开发出中间保温层为疏水发泡材料的保温被。

4.防寒沟　在温室或塑料大棚的四周设置防寒沟（图1-21），对于减少温室或塑料大棚内热量通过土壤外传，阻止外面冻土对温室或塑料大棚内土壤的影响，保持温室或塑料大棚内较高的地温，以保证温室或塑料大棚内边行葡萄植株的良好生长发育特别重要。据中国农业科学院果树研究所在果树所葡萄试验园测定：设置防寒沟的中国农业科学院果树研究所高效节能日光温室2月份日平均5~25厘米地温比未设置防寒沟的传统日光温室2月份日平均5~25厘米地温高4.9~6.7℃。

图1-21　防寒沟　　　　　图1-22　半地下式温室

防寒沟要求设置在温室四周0.5米内为宜，以紧贴墙体基础为佳。

防寒沟如果填充保温苯板厚度以5～10厘米为宜，如果填充秸秆杂草厚度以20～40厘米为宜；防寒沟深度以大于当地冻土层深度20～30厘米为宜。

5.地面高度 建造半地下式温室（图1-22）即温室内地面低于温室外地面可显著提高温室内的气温和地温，与室外地面相比，一般宜将温室内地面降低0.5米左右为宜。需要注意的是半地下式温室排水是关键问题。因此，夏季需揭棚的葡萄品种，如果在夏季雨水多的地区栽培，不宜建造半地下式温室。

（三）其他

1.进出口与缓冲间 温室进出口一般设置在东山墙上，和缓冲间（图1-23）相通，并挂门帘保温；而塑料大棚进出口一般设置在其南端（图1-24）。与进出口相通的缓冲间不仅具有缓冲进出口热量散失，作为住房或仓库用外，还可让管理操作人员进出温室时先在缓冲间适应一下环境，以免影响身体健康。

图1-23 缓冲间在中间　　　　图1-24 缓冲间在一侧

2.蓄水池 北方地区冬季严寒，直接把水引入温室或塑料大棚内灌溉作物会大幅度降低土壤温度，使作物根系造成冷害，严重影响作物生长发育和产量及品质的形成，因此在温室或塑料大棚内山墙旁边修建蓄水池（图1-25）以便冬季用于预热灌溉用水，对于设施葡萄而言具有重要意义。

图1-25 温室内设置蓄水池

3. 配套设备

（1）卷帘机。卷帘机是用于卷放草苫和保温被等保温覆盖材料的设施配套设备。目前生产中常用的卷帘机主要有3种类型：一是顶卷式卷帘机（图1-26），二是中央底卷式卷帘机（图1-27），三是侧卷式卷帘机（图1-28）。其中顶卷式卷帘机卷帘绳容易叠卷，从而导致保温被或草苫（帘）卷放不整齐，需上后坡调整，容易将人卷伤甚至致死；而侧卷式卷帘机由于卷帘机设置于温室一头，一边受力，容易造成卷帘不整齐导致一头低一头高，容易损毁机器；中央底卷式卷帘机克服了上述两类卷帘机的缺点，操作安全方便，应用效果最好。

图1-26 顶卷式卷帘机

图1-27　中央底卷弯杆式卷帘机　　图1-28　中央底卷轨道式卷帘机

（2）卷膜器。卷膜器（图1-29）是主要用于卷放棚膜等透明覆盖材料以达到通风效果的设施配套设备。主要分为底卷式和顶卷式两种。底卷式卷膜器主要用于下面通风口棚膜的卷放，而顶卷式卷膜器主要用于上通风口棚膜的卷放。

 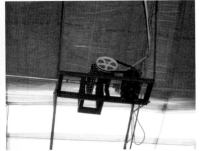

图1-29　卷膜器

（四）适于辽宁葫芦岛地区使用的节能型日光温室——中国农业科学院果树研究所高效节能日光温室（适于东北区域）建造参数

温室建造方位南偏西7°，温室长度60米，温室跨度7.5米，后坡水平投影长度1.5米，高度3.5米。采光屋面角30.24°，前底角处采光屋面切线与地面夹角为73.56°，屋脊处采光屋面切线与水平夹角为5.08°。采光屋面形状为两弧一切线构成的"曲直形"，其中下段水平投影0～1.0米，为半径2.178米的圆对应角度为43.56°对应的一段弧，弧长为1.66米；中段水平投影1.0～3.5米，与水平面呈30.24°夹角的直线，长度为2.88米；上段水平投影3.5～6.0米，为半径6.07米对应角度为24.92°对应的一段弧，弧长为2.64米。后坡仰角为45°，水平投影长度1.5米。墙体为夹心饼式的三层异质复合墙体厚度为60厘米，内层为24厘米砖墙并涂为黑色，中间保温层为10厘米厚的保温苯板，外墙为24厘米砖墙。后坡同样为夹心饼式的三层异质复合结构，内层为钢筋混凝土构造厚度7厘米；中间保温层15厘米厚的保温苯板；外层为5厘米厚的水泥砂浆与防水纸构造的防水保护层。地基和防寒沟深度1.0米，防寒沟内填埋10厘米厚的保温苯板。保温被为新型不吸水保温被，外层为抗紫外线防水牛津布，中间层为疏水发泡材料。该保温被优点：轻、真正不吸水、保温能力强。保温被的卷放采取中间自走式卷帘机，比侧卷式卷帘机卷放整齐。如图1-30。

图1-30 应用实例（辽宁兴城）

第二章

品种与砧木选择

设施葡萄促早栽培成功与否的关键因素之一是品种与砧木选择。品种与砧木组合基础在设施葡萄促早栽培中显得尤为重要。

目前鲜食葡萄品种日新月异，新品种不断地引进和培育，品种更新速度加快，周期缩短。品种虽多，但不是任何品种都适合设施促早栽培；露地栽培表现良好的品种，不一定就适合高温、高湿、弱光照和二氧化碳浓度不足的设施环境。各地设施葡萄促早栽培生产都陆续栽植了不少新品种葡萄，由于选择不当，成花难、产量低的问题十分突出。

因此，选择不同成熟期、色泽各异的适栽优良品种及适宜的砧木组合是当前设施葡萄促早栽培的首要任务。

一、品种与砧木的选择原则

在设施葡萄促早栽培的品种与砧木选择中，需要遵循如下原则：

①选择需冷量和需热量低、果实发育期短的早熟或特早熟品种，以用于冬促早栽培和春促早栽培；选择多次结果能力强的品种，以用于秋促早栽培。

②选择耐弱光、花芽容易形成、着生节位低、坐果率高，且连续结果能力强的早实丰产品种，以利于提高产量和连年丰产。

③选择生长势中庸的品种或利用矮化砧木，以易于调控，适于密植。

④选择粒大、松紧度适中、果粒大小整齐一致、质优、色艳和耐贮的品种，并且注意增加花色品种，克服品种单一化问题，以提高市场竞争力。

⑤着色品种需选择对直射光依赖性不强、散射光着色良好的品种，以克服设施内直射光减少、不利于葡萄果粒着色的弱光条件的问题。

⑥选择生态适应性广，并且抗病性和抗逆性强的品种或利用抗逆砧木，以利于生产无公害果品。

⑦根据需要选择利用与接穗品种嫁接亲和性好，且具有抗根瘤蚜、抗线虫、耐盐碱、耐酸性土壤、抗重茬、抗寒、抗旱、耐涝等多种抗性，能够增强或减弱接穗品种长势、改善接穗品种果实品质、提早接穗品种成熟等特性的多抗砧木。

⑧在同一棚室定植品种时，应选择同一品种或成熟期基本一致的同一品种群的品种，以便统一管理。不同棚室在选择品种时，可适当搭配，做到早、中、晚熟配套，花色齐全。

二、设施葡萄良种推荐

（一）冬促早或春促早栽培良种

无核白鸡心、夏黑无核、早黑宝、瑞都香玉、香妃、乍那、87－1、京蜜、京翠、维多利亚、藤稔、奥迪亚无核、巨玫瑰、红旗特早玫瑰、火焰无核、莎巴珍珠、巨峰、金星无核、无核早红（8611）、红标无核（8612）、京秀、京亚、里扎马特、奥古斯特、矢富罗莎、香妃、红双味、紫珍香、优无核、黑奇无核（奇妙无核）、醉金香、布朗无核和凤凰51等。

其中无核白鸡心、瑞都香玉、香妃、乍那、87－1、京蜜、京翠、红旗特早玫瑰、无核早红（8611）、醉金香、维多利亚和藤稔等品种耐弱光能力较强，在促早栽培条件下具有极强的连年丰产能力。

（二）秋促早栽培良种

无核白鸡心、香妃、瑞都香玉、巨玫瑰、夏黑无核、魏可、美人指、玫瑰香、克瑞森无核、大无核紫、安芸皇后、意大利、黄金指、蜜红、达米娜、香悦、早黑宝和巨峰等多次结果能力强，可利用其冬芽或夏芽多次结果能力进行秋促早栽培，使其果实提前到元旦至春节期间成熟上市。

三、设施葡萄部分良种简介

（一）有核品种

1. 早黑宝（图2-1）　欧亚种。山西果树研究所由二倍体瑰宝和二倍体早玫瑰的杂交种子经秋水仙素诱变加倍而成的欧亚种四倍体鲜食葡萄新品种。

嫩梢黄绿色带紫红，有稀疏茸毛，梢端粗秃。幼叶浅紫红色，表面有光泽，叶面、叶背具稀疏茸毛；成龄叶片小，心脏形，5裂，裂刻浅，叶缘向上，叶片厚，叶缘锯齿中等锐，叶柄洼呈U字形，叶面绿色，较粗糙，叶背有稀疏刚状茸毛。1年生成熟枝条暗红色，卷须间隔性，双分叉，第一卷须着生在枝条的第5～6节上。两性花，花蕾大。

果穗圆锥形，有歧肩，果穗中大，平均穗重426克，最大930克；果粒着生较紧密，短椭圆形，果粒中大，平均粒重7.5克，最大粒重可达10克；果粉厚，果皮紫黑色，较厚、韧；肉较软，完全成熟时有浓郁玫瑰香味，味甜。可溶性固形物含量15.8%，品质上等。含种子1～3粒，多为1粒。种子较大。

在山西晋中地区4月中旬萌芽，5月27日左右开花，花期1周左右，7月7日果实开始着色，7

图2-1　早黑宝

月28日果实完全成熟，果实生育期63天。

树势中庸，平均萌芽率66.7％，平均果枝率56.0％。每果枝上平均花序数为1.37。花序多着生在结果枝的第3～5节。具活力花粉比率平均为47.58％，坐果率平均为31.2％。副梢结实力中等。丰产性强。该品种是设施葡萄的佼佼者，市场前景十分广阔。

2.京蜜（图2-2）　中国科学院植物研究所以京秀作母本，以香妃作父本于1998年杂交育成。于2007年通过北京市审定。

1年生枝条黄褐色，无刺，有条纹。嫩梢黄绿色，无茸毛。幼叶黄绿色，成叶心脏形，绿色，叶片较小、较薄，无皱褶，叶片5裂，上裂刻较深，叶片平展，锯齿两侧凸，叶柄洼开张，叶背无茸毛。第一个花序着生在结果枝的第3～5节。

果穗圆锥形，平均穗重为373.7克，最大穗重为617.0克，果粒着生紧密。果粒扁圆形或近圆形，平均粒重7.0克，最大粒重11.0克，黄绿色，果粉薄。果皮薄，每粒葡萄有种子2～4粒，多为3粒。果肉脆，汁液中多，有玫瑰香味，风味甜。可溶性固形物含量为17.00％～20.20％，可滴定酸含量为0.31％。葡萄成熟后不易裂果，可在树上久挂不变软、不落粒。

图2-2　京蜜

生长势较强。芽眼萌发率为66.6％，果枝百分率为67.6％，结果系数为0.90，每个果枝结果穗1.35个。副梢结实力中等。早果性好，极丰产。果穗、果粒成熟一致。

北京地区露地栽培，萌芽至浆果成熟需95～110天，为极早熟品种。该品种为设施葡萄促早栽培很有发展前途的优良品种之一。

3.瑞都香玉（图2-3）　欧亚种。北京市农林科学院林业果树研究所以京秀作母本，香妃作父本于1998年杂交育成。2007年通过北京市审定。

新梢半直立，节间背侧绿色具红条纹，节间腹侧绿色，无茸毛。嫩梢梢尖开张，茸毛中多。卷须间断，卷须长度中等。叶片心脏形，绿色，中等大小，中等厚，5裂，叶缘上卷，上裂刻稍重叠，下裂刻开张，锯齿形状为双侧凸，叶柄比主脉短，叶柄洼为矢形，叶背毡毛，茸毛密度中等，上表面叶脉花青素和下表面叶脉花青素着色极弱。幼叶黄色，上表面茸毛密度中等，下表面茸毛密，上表面有光泽，花青素着色中等，叶片厚度中等。冬芽花青素着色弱。

图2-3　瑞都香玉

（该品种照片由徐海英研究员提供）

果穗长圆锥形，有副穗或歧肩，平均穗重432.0克，果粒着生紧密度为中等至松。果粒椭圆形或卵圆形，平均粒重6.3克，最大粒重8.0克。果皮黄绿色，果粉薄。果梗拉力中等，果梗长0.92厘米。果皮厚度为薄至中厚，较脆，稍有涩味。每粒葡萄有种子2～4粒。果肉脆，硬度中至硬，汁液多，有玫瑰香香味，香味中等，风味酸甜，其玫瑰香风味、肉质、风味与香妃相近。可溶性固形物16.20%，不裂果。

瑞都香玉生长势中庸或稍旺，萌芽率71.17%，结果枝率87.47%，结果系数1.71，花序着生在结果枝的第2～7节，丰产性强，枝条成熟较早，花芽分化开始早，萌芽较整齐，自花授粉结实率高。该品种是设施葡萄很有前途的优良品种之一。

4.**香妃**（图2-4） 欧亚种。是北京市农林科学院林业果树研究所于1982年以玫瑰香与莎巴珍珠杂交的后代73-7-6为母本，以绯红为父本杂交育成。1999年通过北京市品种鉴定。

早春新梢尖端橙黄色，茸毛较密，幼叶黄绿色，叶背有中密茸毛，叶面有光泽；成叶中大，心脏形，绿色，中等厚，5裂，上裂刻较深，下裂刻中深，叶缘双锯齿较钝，叶背有中密茸毛。叶柄洼窄拱形。两性花。

自然果穗呈短圆锥形，有副穗，平均穗重322.5克，果粒着生中等密度。果粒近圆形，疏果粒后平均粒重7.58克，最大达9.7克，果皮绿黄色，果粉中等厚，皮薄肉硬，质地细脆，有浓玫瑰香味。含糖14.25%，含酸0.58%，酸甜适口，品质极佳。

在北京和辽西兴城地区分别在4月中旬和5月上旬萌芽，5月下旬和6月上旬开花，7月下旬和8月上旬果实成熟，从萌芽到浆果成熟需105天左右。

树势中庸，萌芽率高，平均为75.4%，结果枝率为61.55%。每个果枝平均有花序1.82个，多着生在第2～7节上。该品种副

图2-4 香 妃

梢结实力较强，可利用二次结果。在生产栽培中，采收前注意调节土壤中水分，保持相对均衡，防止裂果。香妃是早果、丰产、肉质硬脆、有浓玫瑰香味的绿黄色品种，是当前露地及设施栽培抗性较强，有发展前途的优良早熟品种之一。

5.**87-1**（图2-5） 欧亚种。从辽宁省鞍山市郊区的玫瑰香葡萄园中发现的极早熟、优质、丰产的芽变单株。

早春新梢绿色，阳面呈紫红色，幼叶表面光亮无毛，淡紫红色。成叶中大，心脏形，有5裂刻，上裂深，下裂中深，叶面光滑

无毛。老叶略向背面卷曲，叶缘锯齿较锐。两性花。

自然果穗圆锥形，平均穗重520克，最大穗达750克。果粒着生中密，短椭圆形，疏果后，平均粒重6.5克，最大8克。果皮中厚，紫红至紫黑色，果肉细致稍脆，汁中多味甜。含可溶性固形物15%～16.5%，有浓玫瑰香味，品质极佳。果实耐贮运。成熟后延迟采收，无落粒、裂果现象，是当前设施葡萄生产抗性较强，有发展前途的优良早熟品种之一。

图2-5　87-1

在鞍山、兴城地区4月下旬萌芽，5月中旬开花，7月下旬至8月上旬果实成熟，在沈阳地区8月上、中旬成熟。从萌芽到果实成熟100天左右。

植株生长势、抗逆性以及果粒形状均与玫瑰香品种相似。结果枝率68%，较丰产，副梢结果能力强。

6.乍娜（图2-6）　欧亚种。又称绯红。原产美国，是用粉红葡萄和瑞必尔杂交育成。我国在1975年从阿尔巴尼亚引入，在全国各葡萄产区已是露地和设施栽培的主要早熟优良品种之一。

植株生长势较强，早春嫩梢黄绿色，阳面略带紫晕，有稀疏茸毛。幼叶淡紫红色，叶表有光泽，叶背有少量茸毛。成叶中等大，心脏形，5裂，上裂刻深，下裂刻浅。叶背有极少茸毛，叶面无毛、光亮，呈波状展开，锯

图2-6　乍娜

齿大，中锐。叶柄洼拱形，叶柄长，淡紫色。卷须间歇。两性花。

自然果穗圆锥形，平均穗重850克，最大达1 100克。果粒着生中密。果粒近圆形或椭圆形，平均粒重9.0克，最大达14克。果皮紫红色，果顶部有3～4条浅沟棱，中等厚，果粉薄。肉质细脆，清甜，微有玫瑰香味。含糖16.8%，含酸0.45%。品质中上等。果实耐贮运，贮后香味加浓。

辽宁省兴城地区5月上旬发芽，6月中旬开花，7月上旬着色，8月中旬果实成熟。从萌芽到浆果成熟需105天左右，活动积温2 250℃左右。

该品种对黑痘病、霜霉病抗性较弱，适于干旱、少雨地区栽培，适于设施栽培。生长势强，结果枝率56%，较丰产。采收前注意保持土壤水分相对稳定，防止采前裂果。

7.红旗特早玫瑰（图2-7）　欧亚种。乍娜早熟芽变。

植物学性状与乍娜相同。

果穗圆锥形，有副穗，平均穗重550克，最大穗重1 500克。果粒圆形，着生紧密，与凤凰51品种果实相似。果顶有3～4条沟纹，疏果后自然果粒平均重6.5克，最大粒重8.5克。果皮紫红色，着色快，果肉细致稍脆，硬度适中，略有玫瑰香味。含可溶性固形物15%以上。果粒着生牢固，不落粒，耐贮运性强。采前注意保持土壤水分稳定，防止裂果。

图2-7　红旗特早玫瑰

植株长势偏强，芽眼萌发率75%以上，结果枝率80%左右，其中双穗率占70%以上，副梢结果能力强。

在山东平度地区4月上旬萌芽，5月下旬开花，6月中旬果实着色，7月上中旬浆果成熟，在辽宁兴城7月中旬着色，7月下旬浆果成熟；从萌芽到果实成熟为90天左右，比87-1和乍娜早熟5～7天，可作为设施葡萄生产的搭配品种之一。该品种适应性强，较耐干旱、耐瘠薄，抗病性和抗寒性均较强，黑痘病、炭疽病、霜霉病等发病较轻。

8.**京秀**（图2-8）欧亚种。是中国科学院北京植物园1981年用潘诺尼亚与60-3（玫瑰香×红无籽露）杂交育成。1994年通过品种鉴定。

早春嫩梢黄绿色，无茸毛。幼叶较薄，无茸毛，阳面略有紫色，有光泽。成叶中大，心脏形，绿色，中厚，叶缘锯齿较锐，有5个裂片，上裂刻深，下裂刻浅。叶柄洼矢形或拱形。秋叶呈紫红色。两性花。

果穗圆锥形，平均重450克，最大达800克以上。果粒着生紧密，椭圆形，疏粒后自然果粒平均重6.5克，最大11.0克。果皮紫红色，肉质硬脆，味甜多汁。含可溶性固形物15%～17.5%，含酸0.46%，有淡玫瑰香味，品质极佳。

在北京、辽宁兴城地区萌芽期分别为4月下旬和5月上旬，开花期为5月下旬和6月上旬，果实成熟期为7月下旬和8月上旬。从萌芽到果实成熟需110天左右，成熟后可延迟到国庆节时采收，不落粒，果肉仍然硬脆，品质更佳。果刷长，果粒牢固，耐贮运性强。

图2-8 京秀

植株生长势较强，结果枝率

58.6%，较丰产，抗病力较强。该品种是适宜设施栽培的早熟、优质、脆肉、有玫瑰香味的早熟品种。

9.凤凰51（图2-9） 欧亚种。是辽宁大连市农业科学研究所1975年用白玫瑰与绯红（乍娜）杂交育成。1988年通过辽宁大连市审定。在设施葡萄促早栽培中，生长、结果表现良好，是欧亚种中抗病力较强的极早熟大粒品种。

早春嫩梢绿色，略带紫红色，密生灰白色茸毛，新梢生长弱，常分化双头枝是其特征。幼叶较厚，深绿色，稍带浅紫褐色，有中密茸毛。成叶中大，深绿色，心脏形，较厚，有5个裂片，裂刻均深，叶面无光泽，较平展，叶缘略向上翘，叶背密生灰白色茸毛，叶缘锯齿双侧凸，较钝，叶柄洼开张呈椭圆形。1

图2-9 凤凰51

年生成熟枝条黄褐色，略带深褐色条纹，横断面扁圆形。两性花。

自然果穗圆锥形，有歧肩，平均重462克，最大果穗1 000克以上。坐果率高，果粒着生紧密；果粒近圆形或略成扁圆形，果顶有3～4条浅沟纹，疏果后，自然果粒平均重7.5克，最大粒重12.5克。果皮红紫色，较薄。果肉细致较脆，汁多，有浓玫瑰香味。含可溶性固形物15.5%，含酸0.55%，品质极佳。果实不落粒、无裂果，耐贮运性较强。

在大连市和辽宁兴城地区分别为4月下旬和5月上旬萌芽，6月上旬和6月中旬开花，7月下旬和8月上旬浆果成熟。从萌芽到果实成熟需要105天，活动积温2 124℃左右，属极早熟品种。

植株生长势中等偏强，1年生枝条较直立，结果枝率58.8%，芽眼萌发率和结实力均高，较丰产。

10.红香妃（图2-10） 红香妃是1996年中国农业科学院果树研究所在引入北京市林业果树研究所新育出的香妃[（玫瑰香×莎

巴珍珠）×绯红]苗中发现的一株红色芽变。经有关专家品评鉴定，认为果实的品质及抗逆性均与香妃相近，唯有浆果皮色变成玫瑰红色。

早春新梢、幼叶浅红色，密生黄色茸毛。成叶中大，心脏形，叶色绿，比香妃略深，中等厚，5个裂片，上裂刻深，下裂刻中深，上下裂刻均比香妃略深，叶缘双锯齿，齿尖较锐，叶背茸毛较香妃明显少而短，叶柄洼窄拱形。两性花。

图2-10　红香妃

自然果穗圆锥形，平均350克，最大穗重520克，果粒着生中等紧密；果粒近圆形，疏果后平均粒重7.5克，最大粒重9.6克。果皮玫瑰红色，果粉较薄，皮薄肉脆，有浓玫瑰香味。含可溶性固形物15.2%，含酸0.45%，酸甜适口，口味与香妃相同，品质极佳。

植株生长势中庸，萌芽率较高，为75%左右，结果枝率62%。每个结果枝平均着生1.8个花序。副芽及副梢结实力均较强，丰产。

在辽宁兴城5月上旬萌芽，6月上旬开花，8月上旬浆果成熟。从萌芽至果实成熟需要110天左右。采收前注意调整土壤水分，保持相对均衡，防止裂果。该品种适于设施葡萄促早栽培的优良品种。

11. 奥古斯特（图2-11）　欧亚种。原产罗马尼亚，是布加勒斯特大学用意大利和葡萄园皇后杂交育成的二倍体品种。1984年登记注册。1996年引入我国。

早春嫩梢绿色，带紫红色，有稀疏茸毛，幼叶黄绿色略带紫红色，叶面有光泽，叶背有稀疏茸毛；成叶中大，中等厚，心脏形，3～5裂，上裂刻中深，下裂刻深，叶缘锯齿大而锐，叶主脉和叶柄均为紫红色，叶柄洼开张拱形。1年生成熟枝条为暗褐色。两性花。

自然果穗圆锥形,平均重580克,最大穗重1 500克。果粒着生紧密,呈短椭圆形,平均自然粒重7.5克,最大粒为10.5克,果粒大小均匀。果皮绿黄色,着色一致,果皮中等厚,果粉薄,果肉硬而脆,稍有玫瑰香味,果肉与种子易分离。含可溶性固形物15.5%,含酸0.43%,香甜适口,品质佳。

植株生长势强,枝条成熟好。结果枝率达55%以上。每个结果枝平均有1.6个果穗。副梢结实力强,二次果9月下旬成熟,品质佳。

在河北昌黎和辽宁兴城地区4月中旬和5月上旬萌芽,5月下旬和6月上旬开花,7月下旬和8月上旬浆果成熟。在日光温室6月上旬果实即可成熟上市。从萌芽到浆果成熟为100天左右。

该品种结果早,丰产性强,抗病性较强,抗寒力中等,果实耐拉力强,不易脱粒,耐运输,是当前早熟、大粒、脆肉、绿黄色、丰产的优良品种之一。

图2-11 奥古斯特

12.紫珍香(图2-12) 欧美杂交种,四倍体。辽宁省园艺研究所1981年以沈阳玫瑰(玫瑰香四倍体枝变)与紫香水大粒芽变杂交育成。1991年通过辽宁省品种审定委员会审定并命名。

图2-12　紫珍香

早春幼叶紫红色，有较密的白色茸毛。成叶大，有3～5裂，裂刻均深，叶缘锯齿锐。1年生成熟枝条为深褐色。两性花。

果穗圆锥形，平均穗重420克，果粒着生中密。果粒椭圆形，平均粒重9克，果皮紫黑色，肉软多汁，味甜。含可溶性固形物15%，具有玫瑰香味，品质中上。

在辽西兴城地区5月上旬萌芽，6月上旬开花，7月中旬着色，8月上、中旬果实成熟。从萌芽到果实成熟需113天左右。

结果枝率56%，产量中等，抗病性强，不脱粒、无裂果，是早熟、大粒、浓香型和抗性强的优良品种。

13. 红双味（图2-13）　山东省酿酒葡萄研究所用葡萄园皇后与红香蕉（玫瑰香×白香蕉）杂交育成。1994年通过省级鉴定。

生长势中庸。嫩梢绿色，茸毛稀少，微有光泽。幼叶绿色，有红褐附加色，两面均有稀疏茸毛。成叶中大，心脏形，有5裂，上下裂刻均浅，上表面无毛而有光泽，下表面有稀疏茸毛，叶缘向下，锯齿较钝，叶柄洼尖顶开张拱形。两性花。

图2-13　红双味
（该品种照片由徐海英研究员提供）

自然果穗圆锥形，平均穗重506克，最大穗重608克。果粒着生紧密，成熟一致。果粒椭圆形，稍疏果后平均粒重6.2克，最大6.5克，果皮紫红色，果粉中厚，肉软多汁。果实成熟前期以香蕉味为主，后期以玫瑰香味为主。含可溶性固形物 17.5%～ 21.0%，品质佳。

在山东省济南地区，4月初萌芽，7月上中旬成熟，生长天数 110天左右，活动积温 2 200 ～ 2 400℃。

植株生长势中等，萌芽率70%以上，结果枝率62%，副梢结果力强。抗病力较强，丰产。

14.维多利亚（图2-14）　欧亚种，二倍体。罗马尼亚德哥沙尼葡萄试验站用绯红与保尔加尔杂交育成。1978年品种登记。1996年引入我国。

早春嫩梢黄绿色，幼叶黄绿色，边缘有紫红色晕，叶背有极少的茸毛，有光泽；成叶近圆形，中等大，黄绿色，中等厚，叶缘稍向下反卷，3 ～ 5裂，上裂刻深，下裂刻浅，锯齿小而钝；叶柄黄绿色，叶柄洼开张宽拱形。一年生成熟枝条黄褐色。两性花。

自然果穗圆锥形或圆柱形，平均穗重630克，最大达1 560克，果粒着生中度紧密。果粒长椭圆形，平均粒重9.5克，最大达12.0克。果皮黄绿色，中等厚，果肉硬而脆，果皮与果肉易分离，味甜适口，无香味。含可溶性固形物16.0%，含酸量0.37%，品质佳。

图2-14　维多利亚

在河北昌黎地区4月中旬萌芽，5月下旬开花，8月上旬浆果成熟。从萌芽到浆果成熟需要110天左右，活动积温为2 158.2℃。

植株生长势中等，新梢半直立，绿色，结果枝率达56%，每个结果枝平均有花序1.5个；副梢结实力强。抗灰霉病能力强，抗霜霉病、白腐病中等。果实不脱粒，耐贮运，是适合设施葡萄促早栽培的优良品种之一。

15.**粉红亚都蜜**（图2-15） 欧亚种，又称萝莎、亚都蜜、或矢富萝莎。是日本矢富良宗氏用潘诺尼亚×（乌巴萝莎×楼都玫瑰）杂交育成。1990年11月进行品种登记。1996年引入我国。

图2-15 粉红亚都蜜
（该品种照片由王世平教授提供）

植株早春嫩梢黄绿色，略带紫红色，无茸毛。幼叶有光泽，浅绿色。成叶中大，深绿色，中等厚，叶背无茸毛，心脏形，5裂，上裂刻深，裂片重叠，下裂刻中深，叶缘锯齿较大，两侧直而尖，叶柄长，叶柄紫红色，叶柄洼拱形。两性花。成熟枝条深褐色，扦插易生根。

自然果穗圆锥形，平均穗重750克，最大达1 000克以上，果粒着生中度疏松。果粒长椭圆形（3.2厘米×2.5厘米），平均粒重8.5克，最大达12克。果皮紫红色至紫黑色，中等厚，果皮与果肉不易分离，果肉硬度适中，多汁，含糖15.5%～18.2%，含酸0.25%，清甜适口，无香味，品质佳。丰产性强。果实不裂果、不脱粒，较耐贮运。

在山东平度和辽宁兴城地区，4月下旬和5月上旬萌芽，7月下旬和8月上旬浆果成熟。从萌芽到果实成熟为105天。在架面挂果可延到9月上旬，仍不落粒。抗霜霉病、白粉病都比乍娜、京秀强，货架摆放40天不脱粒。

生长较旺，二次结果力强，是欧亚种群中早熟、大粒、紫红色、易丰产的优良品种，是当前我国设施生产中有发展前途的早熟品种之一。

16.里扎马特（图2-16） 欧亚种，二倍体，又称玫瑰牛奶。原产前苏联，用可口甘与匹尔干斯基杂交育成。我国于20世纪70年和80年代从前苏联和日本引入。

树势极旺，新梢绿色。幼叶黄绿色，有光泽。成叶中大，圆形或肾形，浅3裂或浅5裂，正面和背面均无茸毛，叶缘锯齿中锐，叶柄洼拱形。两性花。冬枝浅黄褐色，节间长，芽中等大，扦插极易生根。

自然果穗圆锥形，支穗多，较松散，平均穗重1 000～1 500克，最大1 800克。果粒长圆柱形或牛奶头形，平均粒重12克，最大超过20克。果皮玫瑰红色，成熟后暗红色。皮薄，肉脆，清香味甜，含糖10.2%～11.0%，含酸0.57%。在西北干旱地区含糖达16.5%以上。肉中有白色维管束，是该品种的特征之一。有种子2～3粒。品质佳。较耐贮藏和运输。

辽宁省兴城地区5月上旬萌芽，6月中旬开花，8月中、下旬浆果成熟。一般比巨峰早熟20天左右。从萌芽到果实成熟需120天左右，活动积温约2 600℃。

图2-16　里扎马特
（该品种照片由王世平教授提供）

每个果枝平均花序数为1.13个，多着生在第5节上。二次结果能力弱，产量中等，抗病性中等，易感白腐病和霜霉病。夏季适当多保留叶片，防止果实日灼。

17.**藤稔**（图2-17） 欧美杂交种，四倍体，俗称"乒乓球"葡萄。日本用井川682×先锋育成，1989年登记。我国于1986年引入。

树势中强，嫩梢和幼叶似先锋，绿色带浅紫色晕，密生灰色茸毛。成叶大而厚，叶背有稀疏的茸毛，叶缘锯齿大而锐。1年生成熟枝条深褐色，较粗壮，易形成较大的花芽，丰产性强。新梢冬芽鳞片为绿色而巨峰冬芽为红色是二者新梢的区别。

图2-17　藤稔

自然果穗圆锥形，平均重450克，果粒着生较紧密。果粒大，整齐，椭圆形，平均粒重15克，最大28克。果皮中等厚，紫黑色，果粉极少。肉质较软，味甜多汁，有草莓香味，含糖17%。品质上等。

辽宁省兴城地区5月上旬萌芽，6月上旬开花，7月上中旬着色，8月上、中旬果实成熟。从萌芽到浆果成熟需120天左右。浆果比巨峰早熟10天左右。结果枝率高达70%以上，丰产。浆果成熟一致。

抗性较强，对黑痘病、霜霉病、白腐病的抗性与巨峰相似。果实较耐运输。栽培管理技术与巨峰相同。果实可延迟到10月上旬采收，无脱粒和裂果现象。

18.**巨峰**（图2-18） 欧美杂交种。原产日本，是该国的主栽品种。1937年大井上康用石原早生（康拜尔大粒芽变）×森田尼杂交育成的四倍体品种，1945年发表。我国1958年引入。

树势旺盛。幼叶、嫩枝浅绿色，边缘粉红色，均密生茸毛。

新梢长势很强，绿色略带紫褐色，密生灰白色的茸毛。新梢冬芽红色。1年生成熟枝条紫褐色，节间长，成叶大，近圆形，叶厚，深绿色，3裂，裂刻浅，叶面光滑无毛，叶背密生灰白色茸毛，叶缘锯齿双侧直，较尖锐。叶柄洼开张拱形。

图2-18 巨峰

自然果穗圆锥形，平均穗重550克，最大1 250克，果粒着生中等紧密。果粒椭圆形，平均粒重10克，最大重15克。果皮中等厚，紫黑色，果粉中等厚，果刷较短，抗拉力为100克左右。果肉有肉囊，稍软，有草莓香味，味甜多汁。含可溶性固形物17%～19%。适时采收品质上。

辽宁省西部5月上旬萌芽，6月中旬开花，8月中旬着色，9月上、中旬果实成熟。从萌芽到浆果成熟需135天左右，活动积温2 800℃左右。结果枝率68%。副梢结实力强，丰产。留果过多和延迟采收，品质下降。

对黑痘病、霜霉病抗性较强，对穗轴褐枯病抗性较弱，抗寒力中等，既可进行设施葡萄冬促早和春促早生产，又可进行设施葡萄秋促早栽培生产。

19. 玫瑰香（图2-19） 欧亚种。又称紫玫瑰，二倍体。英国用白玫瑰与黑汉杂交育成。1900年引入我国。世界上栽培区域较广。在沈阳、山东有四倍体大粒芽变系栽培。是我国许多葡萄产区主栽品种。1995年荣获国家农业博览会金奖。

早春新梢及嫩叶黄绿色，有稀疏黄白色茸毛，略带紫红色。成叶中等大，心脏形，黄绿色，5裂，上裂刻浅，叶缘向上弯曲，锯齿大，中锐。叶柄洼开张楔形。卷须间隔。两性花。1年生成熟枝条黄褐色，节间中等长，冬芽较大。

自然果穗圆锥形，平均穗重350克，最大820克，果粒着生中密或紧密。疏果粒后，平均粒重6.2克，最大7.5克。果皮中等厚，紫红或紫黑色，果粉较厚。肉质细，稍软多汁，有浓郁的玫瑰香味，含糖18%～20%，含酸0.5%～0.7%，品质极佳。出汁率76%以上。

　　树势中等，结果枝占47%。在充分成熟的结果母枝上，从基部起1～5芽都能发出结果枝。每个结果枝大多着生两个花序，少数为1个或3个花序，较丰产。副梢结实力强，可利用其多次结果进行设施葡萄秋促早栽培。浆果耐贮藏与运输，对白腐病、黑痘病抗性中等，抗寒力中等。

图2-19　玫瑰香

　　辽宁省兴城地区5月上旬发芽，6月中旬开花，8月中旬着色，9月中下旬果实成熟。从萌芽到浆果成熟需140天左右，活动积温2 800℃左右。

　　20.巨玫瑰（图2-20）　欧美杂交种，四倍体。是大连市农业科学院1993年用沈阳玫瑰×巨峰杂交育成。2002年通过专家鉴定。

　　早春嫩梢绿色，带有紫红色条纹，着生中密白色茸毛。幼叶黄绿色，带有紫褐色晕，叶面有光泽，叶背密生白色茸毛，叶缘呈桃红色。1年生枝直立，成熟后红褐色，有褐色条纹。成叶大，心脏形，中等厚，绿色，叶缘波浪状，叶面平滑无光泽，有5个裂片，上裂刻深，下裂刻中深；叶背茸毛中多，锯齿大，中等锐；叶柄长，叶柄洼闭合椭圆形。卷须间隔。两性花。

自然果穗圆锥形，有副穗，平均重514克，最大800克，果粒着生中等紧密。果粒椭圆形，平均粒重9克，最大15克，果粒整齐。果皮紫红色，中等厚，果粉较薄。肉质稍脆，味浓甜多汁，含可溶性固形物19%～23%，有浓玫瑰香味，品质极佳。果实种子较少，多为1～2粒。较耐贮运。

图2-20　巨玫瑰

　　植株生长势强，枝条成熟良好，芽眼萌发率82.7%，结果枝率69.6%，每个结果枝平均有花序数为1.72个。副梢结实力强，可利用其副梢结实力强的特性进行设施葡萄秋促早栽培。无裂果，不落粒。对黑痘病、炭疽病、白腐病和霜霉病等有较强的抗性。

　　在辽宁大连和兴城地区4月中、下旬萌芽，6月中、下旬开花，9月上、中旬果实成熟。从萌芽到果实成熟需要142天左右，活动积温3 200℃左右，为中晚熟品种。

　　巨玫瑰有色艳、粒大、丰产、无裂果、不落粒的优点，而且还有耐高温、高湿、抗病虫害等能力，设施促早栽培表现较好。

　　21．金手指（图2-21）　欧美杂交种。日本1982年杂交育成。1993年登记注册，是日本"五指"中（美人指、少女指、婴儿指、长指、金手指）唯一的欧美杂交种。

　　嫩梢绿黄色，幼叶浅红色，茸毛密。成叶大而厚，近圆形，5裂，上裂刻深，下裂刻浅，锯齿锐。叶柄洼宽拱形，叶柄紫红色。1年生成熟枝条黄褐色，有光泽，节间长。成熟冬芽中等大。

　　果穗中等大，长圆锥形，着粒松紧适度，平均穗重445克，最大980克。果粒长椭圆形至长形，略弯曲，黄白色，平均粒重7.5克，最大可达10克。每果含种子0～3粒，多为1～2粒，有瘪籽，无小青粒，果粉厚，极美观，果皮薄，可剥离，可以带皮吃。

图2-21　金手指
（该品种照片由王世平教授提供）

含可溶性固形物18%～23%，最高达28.3%。有浓郁的冰糖味和牛奶味。品质极上，商品性极高。不易裂果，耐挤压，耐储运性好，货架期长。

生长势中庸偏旺，新梢较直立。始果期早，定植第二年结果株率达90%以上，结实力强，每667米^{2}产量1 500千克左右。3年生平均萌芽率85%，结果枝率98%，平均每果枝1.8个果穗。副梢结实力中等。山东平度4月7日萌芽、5月23日开花、8月初果实成熟，比巨峰早熟10～15

天，属中早熟品种。

抗寒性强，成熟枝条可耐-18℃左右的低温；抗病性与巨峰类似；抗涝性、抗干旱性均强，对土壤、环境要求不严格。

22.意大利（图2-22）　欧亚种。意大利用比坎与玫瑰香杂交育成。1955年从匈牙利引入，属世界性优良品种。

早春枝条嫩梢黄绿色，有茸毛。成叶中等大，心脏形，5裂，裂刻深，裂刻尖底是其特征。叶面平滑，叶背有丝状茸毛，叶缘锯齿锐，叶缘略向上卷；叶柄紫红色，叶柄洼开张圆形。两性花。

自然果穗圆锥形，平均穗重830克，果粒着生中度紧密。果粒椭圆形，平均重7.2克，果皮绿黄色，中等厚，果粉中等。肉质脆，有玫瑰香味，含糖17%，

图2-22　意大利

品质上等。果实耐贮运。抗病力、抗寒力均强。

在辽宁兴城地区4月下旬萌芽，6月中旬开花，8月下旬着色，9月中、下旬果实成熟。从萌芽到果实成熟需要150天左右，活动积温3 140℃。新梢7月下旬开始变色成熟。该品种是晚熟、肉硬脆、黄绿色、有玫瑰香味、适应性强、丰产的优良品种。副梢结实力强，可用于设施葡萄的秋促早栽培。

23. **美人指**（图2-23） 欧亚种，二倍体。是日本植原葡萄研究所于1984年用尤尼坤与巴拉底2号杂交育成。1994年由江苏省张家港市引入。

植株春季枝条嫩梢黄绿色，稍带紫红色，无茸毛，幼叶黄绿色稍带紫红色，有光泽，成叶中大，心脏形，黄绿色，叶缘锯齿中锐，叶柄中长，浅绿色，略带浅红色，叶柄洼窄矢形。两性花。成熟枝条灰白色。

图2-23 美人指

自然果穗长圆锥形，平均穗重480克，最大为1 750克。果粒着生松散，果粒平均重15克，最大粒重20克。粒形如手指尖节形状，果实纵、横径之比为3：1，即果粒呈长椭圆形，粒尖部鲜红或紫红色，光亮，基部色泽稍浅，恰如用指甲油染红的美人手指尖，故称美人指。果肉甜脆爽口，皮薄而韧，不易裂果。含可溶性固形物16%～18%，品质佳。果实耐拉力强，不落粒，较耐贮运。

在江苏张家港和辽宁兴城地区分别为4月上旬和5月上旬萌芽，5月下旬和6月上旬开花，8月上旬和8月下旬着色，分别在9月中旬和9月下旬果实成熟。从萌芽到浆果成熟需145天左右。

生长势极旺，枝条粗壮，较直立，易徒长。注意预防白腐病和白粉病。副梢二次结果能力强，可进行设施葡萄秋促早栽培生产。

24.魏可（图2-24） 欧亚种，二倍体。原产地日本。日本山梨县志村富男育成。亲本为Kubel Muscat和甲斐路。1987年杂交，1998年品种登录。1999年引入我国。

嫩梢淡紫红色。梢尖半开张，黄绿色，无茸毛，有光泽。幼叶黄绿色，带淡紫色晕，上表面有光泽，下表面叶脉上有极少量丝状茸毛。成龄叶片心脏形，中等大，叶片5裂，裂刻中等深，上裂刻基部多为矢形，下裂刻基部多为三角形。锯齿圆顶形。叶柄洼矢形，基部椭圆形。新梢生长自然弯曲。新梢节间背侧和腹侧青绿色。枝条棕色。两性花。

图2-24　魏可

自然果穗圆锥形，果穗大，平均穗重450克，最大穗重575克，着生中密，果粒大小整齐。果粒卵圆形，紫红色至紫黑色，成熟一致。果粒大，平均粒重10.5克，最大粒重13.4克。果皮中等厚，韧性大，无涩味，果粉厚，果肉脆，无肉囊，汁多，每粒果实含种子1～3粒，多为2粒。可溶性固形物含量20%以上，品质上等。稍有裂果。

在江苏张家港地区，4月1～11日萌芽，5月15～25日开花，9月15～25日浆果成熟。从萌芽至浆果成熟需162～177天，此期活动积温为3 686.8～3 984.3℃。

植株生长势极强，隐芽萌发力强，芽眼萌发率为90%～95%，成枝率为95%，枝条成熟度好，结果枝率为85%。副梢结实能力强，较抗病，容易栽培，适于设施葡萄秋促早栽培。

25.红地球（图2-25） 又称大红球、晚红、宇宙红、红提。欧亚种。二倍体。1980年发表，美国加利福尼亚州大学用（皇帝×L12-80）×S45-48杂交育成。美国加利福尼亚州主栽的晚熟耐贮运品种。1987年引入我国。

早春嫩梢浅紫红色，幼叶浅紫红色，叶表光滑，叶背有稀疏茸毛。新梢中、下部有紫红色条纹，成熟的1年生枝条为浅褐色。成叶中等大，心脏形，中等厚，5裂，上裂刻深，下裂刻浅，叶正背两面均无茸毛，叶缘锯齿两侧凸，较钝，叶柄浅红色，叶柄洼拱形。两性花。

图2-25 红地球

自然果穗长圆锥形，平均穗重880克，最大可达2 500克。果粒着生松紧适度。果粒圆球形或卵圆形，果粒平均纵径32毫米，横径28毫米，平均粒重14.5克，最大达22克以上，果粒大小均匀。果皮中厚，果肉与果皮不易分离，紫红色至黑紫色，套袋后可呈鲜玫瑰红色。果肉硬脆，味甜适口，含可溶性固形物16.3%～18.5%，无香味，品质佳。果刷粗长，着生牢固，拉力达1 500克左右不脱粒。果穗极耐贮运。含种子3～4粒。

在辽宁西部地区5月初萌芽，6月上中旬开花，8月上、中旬果实着色，9月下旬至10月上旬果实成熟。从萌芽到果实成熟需150天左右，活动积温3 200～3 500℃。该品种抗旱性强，抗病性、抗寒性较弱。

树势生长旺盛，枝条粗壮。结果枝率68.3%，每个结果枝平均有花序1.5个，其枝条基芽结实率较高。幼树新梢易贪青徒长，枝条成熟稍晚。因此，必须注意适时摘心和加强肥（磷、钾）水管理。

（二）无核品种

1.无核白鸡心（Centennial Seedless）（**图2-26**） 又称森田尼无核、白鸡心无核、世纪无核。欧亚种。是Gold×Q25－6杂交育成。1981年发表。1983年从美国加州引入。

嫩梢绿色，有稀疏茸毛。幼叶微红，有稀疏茸毛。1年生枝条为黄褐色，粗壮，节间较长。成叶大，心脏形，5裂，裂刻极深，上裂刻呈封闭状，叶片正反面均无茸毛，叶缘锯齿大而锐。叶柄洼开张呈拱形。

自然果穗圆锥形，平均穗重829克，最重1 361克，果粒着生

图2-26　无核白鸡心

紧密。果粒长卵圆形，平均自然粒重5.2克，最大6.9克。用赤霉素处理可达7～8克。果皮绿黄色，皮薄，肉脆，浓甜。含可溶性固形物16.0%，含酸0.83%，微有玫瑰香味。品质极佳。

在辽宁省兴城、朝阳地区，5月上旬萌芽，6月

上旬开花，8月中、下旬浆果成熟。在沈阳9月上旬浆果成熟。该品种果粒着生牢固，不落粒，不裂果，耐贮运。是适合华北、西北和东北地区发展的大粒、无核鲜食和制罐的优良品种。

树势强，枝条粗壮，注意控制新梢徒长。冬剪采用中、长梢修剪为宜。结果枝率74.4%。每个结果枝着生1～2个果穗，双穗率达30%以上。果穗多着生在5～7节。3年生株产12.8千克。较丰产。果实成熟一致，副梢有二次结果能力，在兴城能正常成熟。较抗霜霉病、灰霉病，但易染黑痘病和白腐病，是适合设施葡萄生产发展的早熟、大粒、无核鲜食优良品种。

2. 夏黑无核（图2-27）　欧美杂种。日本用巨峰和无核白于1968年杂交育成。1997年8月登录。

嫩梢黄绿色。梢尖闭合，乳黄色，有茸毛，无光泽。幼叶乳黄色至浅黄色，带淡紫色晕，上表面有光泽，下表面密生丝毛。成叶近圆形，极大，叶缘上翘，下表面疏生丝状茸毛。叶片3或5裂，除少数叶片裂刻不明显外，上、下裂刻均深，裂刻基部椭圆形。锯齿圆顶形，较平缓，部分叶尖锯齿顶部稍尖。叶柄洼多为矢形，基部为裂缝形或三角形。新梢生长直立。新梢节间背侧黄

图2-27 夏黑无核
（该品种照片由王世平教授提供）

绿色，腹侧淡紫红色。枝条横截面呈圆形。枝条红褐色。两性花。

果穗圆锥形，部分有双歧肩，无副穗。平均穗重415克，粒重3～3.5克。果粒着生紧密，大小整齐。果粒近圆形，紫黑至蓝黑色，上色容易，着色快，成熟一致。果皮厚脆，无涩味，果粉厚。果肉硬脆，无核。可溶性固形物含量20%以上，有浓草莓香味。

在江苏张家港地区3月下旬至4月上旬萌芽，5月中、下旬开花，7月中、下旬浆果成熟。从萌芽到果实成熟需要100～115天，此期活动积温为1 983.2～2 329.7℃，属极早熟品种。

植株长势极强，枝条芽眼萌发力和结果力均强，不裂果，不落粒。该品种是适合设施葡萄促早栽培的极早熟、丰产、抗病力强、耐贮运的优良鲜食无核品种。

3.无核早红（图2-28） 1986年河北省农业科学院昌黎果树研究所与昌黎农民师周利纯合作，用二倍体的郑州早红与四倍体巨峰杂交育成的三倍体新品种。1990年初选，代号8611，1998年通过专家鉴定和省级品种审定，并正式定名为无核早红。

植株早春嫩梢绿色带紫红色，有稀疏茸毛。幼叶绿色，叶缘紫红色，叶正反面均有较密的茸毛。成叶较大，近圆形，3～5裂，上裂刻深，下裂刻浅，叶背茸毛中密。叶柄长达8.5厘米，为紫红色，叶柄洼拱形或矢形。1年生成熟枝条为红褐色，横断面近圆形。两性花。

自然果穗圆锥形，平均穗重190克，果粒近圆形，平均粒重4.5克，无核率达85%，其余均败育瘪籽。用赤霉素处理后，平均穗重410克，最大近1 100克，果粒平均重9.7克，最大达19.3克，其穗重、粒重比对照增加1倍多，无核率则达100%。粒形由近圆

图2-28　无核早红

图2-29　奥迪亚无核

形变为短椭圆形。果皮及果粉均厚，紫红色，果肉脆。含可溶性固形物14.5％。果粒附着力强，无裂果、无落粒。品质佳。

生长势强，枝条粗壮，结果枝率达61.6％以上，结果系数2.23。副梢结实力强。

在河北昌黎地区4月中旬萌芽，5月下旬开花，7月上旬着色，7月下旬果实成熟。从萌芽至浆果成熟需100天左右，比巨峰提早40天左右。属早熟、无核品种。

植株抗逆性强，对黑痘病、白腐病、霜霉病、炭疽病的抗性与巨峰相似，超过母本郑州早红。

4. 奥迪亚无核（图2-29） 欧亚种。罗马尼亚用利必亚与波尔莱特（Perlette）杂交育成。1996年引入我国。

早春嫩梢、幼叶绿色，微有橙红色，幼叶反面有稀疏黄白色的茸毛。成叶中大，平展，有5个裂片，裂刻均深，叶缘锯齿锐。叶柄长，叶柄洼拱形闭合。成熟1年生枝条黄褐色，节间中长，易成熟。两性花。

果穗圆锥形，平均穗重350克，最大420克，果粒着生紧密；果粒椭圆形，平均4.5克，最大粒重5.2克。果皮紫黑至蓝黑色，有灰白色果粉，果肉较硬而脆，与母本波尔莱特相似。含糖量16.5%，酸甜适口，味浓甜。品质佳。较耐贮运。

在辽宁兴城4月下旬至5月上旬萌芽，6月上、中旬开花，7月下旬至8月上旬浆果成熟。

植株长势较强。新梢粗壮，枝条芽眼萌发力和结果力均强。果实成熟期易感黑腐病。该品种是早熟、色艳、脆肉和中粒的设施促早栽培优良无核品种之一。

5.**火焰无核**（图2-30）　又称火红无核、弗蕾无核、早熟红无核。欧亚种。美国加州用[（绯红×无核白）×无核白]×[（红马拉加×Tifafihi Ahmer）×（亚历山大×无核白）]多亲本杂交育成。1973年发表。在美国加州葡萄栽培品种中，栽培面积和销量居第二位，仅次于无核白。

春季嫩梢紫红色，幼叶绿色，茸毛较少。成叶较大，心脏形，5裂，裂刻深，裂片间重叠。叶柄洼开张。两性花。

果穗短圆锥形，有副穗，平均穗重为352克，最大穗重565克，果粒着生紧密。果粒近圆形，平均

图2-30　火焰无核

粒重3.5克，最大粒重5.4克。用赤霉素处理后，粒重达5～6克。果皮鲜红或紫红色，果皮薄，果肉硬而脆，果汁中等，甘甜爽口。含可溶性固形物17%，略有香味。品质佳。

在河北涿鹿和辽宁兴城地区，萌芽期分别为4月上旬和5月上旬，开花期分别为6月上旬和6月中旬，果实成熟期为8月中旬和8月下旬。

植株生长势较强，结果枝率达42%左右。该品种抗病性及适应性均强，但不抗炭疽病。无落粒，不裂果，果穗不耐贮运。该品种是当前设施葡萄栽培良种之一。

6.布朗无核（图2-31） 又名无核红。欧美杂交种。原产美国。1973年引入我国。

图2-31 布朗无核

嫩梢绿色，略带暗红色条纹，有稀疏茸毛。幼叶黄绿色，有光泽，叶背密生茸毛。成叶近圆形，浅3裂，叶背有稀疏刺毛，叶缘向下卷，锯齿大而钝。叶柄洼全闭合或有小缝。两性花。

果穗圆锥形，果粒着生紧密，平均穗重450克，最大达1 200克。果粒椭圆形，平均粒重3.5克，最大4.2克。果皮玫瑰红色或粉红色，较薄而韧，肉软多汁。含可溶性固形物16%，含酸0.45%，酸甜爽口，有草莓香味。品质上等。耐贮运性较差。

树势较强，结果枝占总芽数的40%～55%，每个结果枝有果穗1.0～1.5个，丰产。副梢结果能力弱。抗寒、抗黑痘病、炭疽病能力强。

在辽宁兴城和沈阳地区分别在8月上旬和8月中旬浆果成熟。生长天数110天左右，活动积温2 360～2 800℃。

7.黑奇无核（图2-32） 又称幻想无核、神奇无核、奇妙无核。欧美杂交种。是美国加州1982年用B36-27×P64-18育成。1988年通过鉴定。1997年引入我国。

植株新梢及嫩叶绿色，无茸毛。成叶极大，心脏形，浓绿色，叶片厚，5裂，裂片重叠，

图2-32 黑奇无核

裂刻深，叶缘锯齿大而锐。叶片正面及背面均光滑无毛。叶柄长，红褐色，叶柄洼开张呈拱形。1年生成熟枝条浅褐色，粗壮，直立，节间中长。

　　自然果穗圆锥形，平均穗重520克，最大穗重720克，果粒着生松紧适度。果粒椭圆形或长椭圆形，平均自然粒重6.5克，最大8.2克。果皮蓝黑色，中等厚，有果粉，果肉淡绿色，半透明，肉质中等硬度，微有玫瑰香味。品质佳。浆果有1～2粒绿色软籽，吃时无感觉，果刷长，果粒附着牢固，无落粒，较耐贮运。

　　在辽宁兴城、沈阳地区，分别于5月上、中旬萌芽，6月上、中旬开花，7月中、下旬着色，8月中、下旬浆果成熟。

　　该品种树势强旺。树体适应性强，抗寒性和抗病性与欧美杂交种金星无核相似。

　　8. 优无核（图2-33）　又称上等无核、超级无核、黄提无核。欧亚种。是美国加州用绯红与未定名的无核品种杂交育成。1990年引入我国，定植在辽宁兴城及河北涿鹿地区，现已在河北、辽宁、山东、新疆等地试栽，生长、结果表现较好。

　　植株早春嫩梢绿色，有紫红色条纹，无茸毛。成叶中大，3～5裂，裂刻深，叶片较厚，叶缘锯齿较锐。叶柄中长，叶柄洼呈不规则方形，叶柄洼封闭是其特征。

　　自然果穗圆锥形，平均重800克，最大达1 200克，果粒着生较紧密。果

图2-33　优无核

粒短椭圆形或近圆形，平均自然粒重6.5克，最大7.2克。经赤霉素处理后，粒重达10.3克，果皮绿黄色，充分成熟浅黄色，外观美丽，皮薄，肉脆，质细，多汁，味甜。含可溶性固形物16%，稍有玫瑰香味。粒大、无核。品质优。果粒耐拉力强，抗压，无裂果，耐贮运力强。在常温下，可存放30～45天，在0℃条件下，

可贮至翌年4月。

树势较旺，幼树一般3年生开始结果，要及时摘心，防止新梢徒长。结果枝率58%，结果系数1.3，丰产。适应性较强，抗干旱。花期控水。采用环剥可提高坐果率。花序多着生在第5～6节，适宜中长梢混合修剪。在小棚架上，行距4～5米，株距0.6～1.2米，采用留1～2条龙蔓型树形，在加强肥水和夏季管理的条件下，栽后第二年有60%结果，平均株产2.8千克，高产株达5.1千克。3年生平均667米^{2}产1 500千克以上。

在河北涿鹿和辽宁兴城分别于4月中旬和5月上旬萌芽，5月下旬和6月上旬开花，8月上旬和8月下旬果实成熟。从萌芽到浆果成熟为120天左右。该品种抗病性似玫瑰香。注意防治黑痘病、白腐病和霜霉病，按时喷多菌灵、瑞毒霉及乙磷铝等药，交替使用可收到较好的防治效果。

9. 克瑞森无核（图2-34）　又称绯红无核。欧亚种。美国加州用无核白为第一代亲本，进行5代杂交工作，1983年最终用晚熟品系C33-99与皇帝杂交育成晚熟、红色的绯红无核，原代号为C102-26。克瑞森无核还有玫瑰香、阿米利亚、意大利等品种的血缘。美国在1988年通过鉴定。我国于1998年引入。

早春嫩梢和幼叶橘红色，有光亮，无毛。成叶中大，叶薄，5裂，上裂刻中深，下裂刻浅，锯齿尖，叶柄洼窄拱形或封闭形。新梢节为橘红色是其特征。

自然果穗圆锥形，平均穗重500克，单歧肩，果

图2-34　克瑞森无核

粒着生中密或紧密。果粒椭圆形，自然无核，平均粒重为4.2克。果皮鲜玫瑰红色，着色一致，有较厚白色果粉，比较美观，果皮中厚，果皮与果肉不易分离；果肉浅黄色，半透明，肉质细脆，清香味甜。含可溶性固形物18.8%，含可滴定酸0.75%，糖酸比大

于20∶1。品质极佳。每粒浆果有2个败育种子，食用时无感觉。果实耐拉力比红宝石无核强，且不裂果。果实较耐贮运。

在山东平度和辽宁兴城地区，分别在4月上旬和5月上旬发芽，5月下旬和6月上旬开花，9月下旬和10月上旬果实成熟。植株生长势旺，副梢结实力较强，可用于设施葡萄秋促早栽培。

四、抗性砧木推荐

1.SO$_4$　由德国从Telekis的BerlandieripariaNO.4中选育而成。SO$_4$即Selection Oppenheim NO.4的缩写。是法国应用最广泛的砧木。现在中国农业科学院果树研究所已引入。

植物学识别特征：嫩梢尖茸毛白色，边缘桃红色。幼叶丝毛，绿带古铜色。成叶楔形，色暗黄绿，皱折，边缘内卷，叶柄洼。幼叶时呈V形，成叶后变U形，基脉处桃红色，叶柄及叶脉有短茸毛。雄性不育。新梢有棱纹，节紫色，有短毛，卷须长而且常分三叉。成熟枝条深褐色，多棱，无毛，节不显，芽小而尖。

农艺性状：抗根瘤蚜和抗根结线虫，抗17%活性钙，耐盐性强于其他砧木，抗盐能力可达到0.4%，抗旱性中等，耐湿性在同组内较强，抗寒性较好。在辽宁兴城地区1年生扦插苗冬季无冻害。生长势较旺，枝条较细，嫁接品种产量高，但成熟稍晚，有小脚现象。产枝量高。枝条成熟稍早于其他Telekis系列，生根性好。田间嫁接成活率95%，室内嫁接成活率亦较高，发苗快，苗木生长迅速。SO$_4$抗南方根结线虫，抗旱、抗湿性明显强于欧美杂交品种自根树。树势旺，建园快，结果早。

2.5BB　奥地利育成。源于冬葡萄实生。中国农业科学院果树研究所已引入。

植物学识别特征：嫩梢尖弯勾状，多茸毛，边缘桃红色。幼叶古铜色，披丝毛。成叶大，楔形，全缘，主脉齿长，边缘上卷，叶柄洼拱形，叶脉基部桃红色，叶柄有毛，叶背几乎无毛，锯齿拱圆宽扁。雌花可育，穗小，小果粒黑色圆形。新梢多棱，节酒红色，有茸毛。成熟枝条米黄色，节部色深，节间中长，直，棱角明显，芽小而尖。

农艺性状：抗根瘤蚜能力极强，抗线虫、抗石灰质较强，可耐20%活性钙。耐盐性较强，耐盐能力达0.32%～0.39%；耐缺铁失绿症较强。根系可忍耐−8℃的低温，抗寒性优于SO_4，仅次于贝达。在辽宁兴城地区1年生扦插苗冬季无冻害。

5BB长势旺盛，根系发达，入土深，生活力强，新梢生长极迅速。产条量大，易生根，利于繁殖，嫁接状况良好。扦插生根率较好。室内嫁接成活率较高。但与品丽珠、莎巴珍珠和哥伦白等品种亲和力差。生长势旺，使接穗生长延长。适于北方黏湿钙质土壤，不适于太干旱的丘陵地。

5BB砧木繁殖量在意大利占第一位，占年育苗总量的45%。也是法国、德国、瑞士、奥地利、匈牙利等国的主要砧木品种。近年在我国试栽，表现抗旱、抗湿、抗寒、抗南方根结线虫，生长量大，建园快。

3.420A　法国用冬葡萄与河岸葡萄杂交育成。中国农业科学院果树研究所已引入。

植物学识别特征：梢尖有茸毛，白色，边缘玫瑰红。幼叶有网纹状茸毛，浅黄铜色，极有光泽。成龄叶片楔形，深绿色，厚，光滑，下表面有稀茸毛。叶片裂刻浅，新梢基部的叶片裂刻深。锯齿宽，凸形。叶柄洼拱形。新梢有棱纹，深绿色，节自基部至顶端颜色变紫，节间绿色。枝蔓有细棱纹，光滑，无毛。枝条浅褐色或红褐色，有较黑亮的纵条纹。节间长，细。芽中等大。雄花。

农艺性状：极抗根瘤蚜，抗根结线虫，抗石灰性土壤（20%）。生长势偏弱，但强于光荣、河岸系砧木。喜轻质肥沃土壤，有抗寒、耐旱、早熟、品质好等优点。常用于嫁接高品质酿酒葡萄或早熟鲜食葡萄。田间与品种嫁接成活率98%。1年生扦插苗在辽宁兴城可露地越冬。

4.5C　匈牙利用伯兰氏葡萄与河岸葡萄杂交育成。在德国、瑞士、意大利、卢森堡应用较多。法国有33万公顷苗木繁殖用于供应出口。植株性状与5BB相近，但生长期短于5BB。适应范围广，耐旱、耐湿、抗寒性强，并耐石灰质土壤。对嫁接品种有早熟、丰产作用，也有小脚现象。中国农业科学院果树研究所已引入。在辽宁兴城扦插苗冬季无冻害。

5.3309C 美洲种群内种间杂种。由法国的Georges Couderc育成。亲本为河岸葡萄和沙地葡萄，雌株。

植物学识别特征：嫩梢尖光滑无毛，绿色光亮。幼叶光亮。叶柄洼，V形。成叶楔形，全缘，质厚，极光亮，深绿色，叶柄洼变U形，叶背仅脉上有少量茸毛，锯齿圆拱形，中大，叶柄短。基本雄性不育。新梢无毛，多棱，落叶中早。成熟枝紫红色，芽小而尖。

农艺性状：抗根瘤蚜，不抗根结线虫，抗石灰性中等（抗11%活性钙），抗旱性中等，不耐盐碱，不耐涝。适于平原地较肥沃的土壤。产枝量中等。扦插生根率较高，嫁接成活率较好。树势中旺，适于非钙质土如花岗岩风化土及冷凉地区，可使接穗品种的果实和枝条及时成熟，品质好，与佳美、比诺、霞多丽等早熟品种结合很好。在各国应用广泛。

6.101－14MG 法国用河岸葡萄与沙地葡萄杂交育成。中国农业科学院果树研究所已引入。雌性株，可结果。

植物学识别特征：嫩梢尖球状，淡绿，光亮。托叶长，无色。幼叶折成勺状，稍具古铜色。成叶楔形，全缘，三主脉齿尖突出，黄绿色，无光泽，稍上卷。叶柄洼开张拱形。雌花可育。果穗小，小果粒黑色圆形，无食用价值。新梢棱状，无毛，紫红色，节间短，落叶早。成熟枝条红黄色带浅条纹，节间中长，节不明显，节上有短毛。芽小而尖。

农艺性状：极抗根瘤蚜，较抗线虫，耐石灰质土壤能力中等（抗9%活性钙），不耐旱，抗湿性较强，能适应黏土壤。产枝量中等。扦插生根率和嫁接成活率较高。嫁接品种早熟，着色好，品质优良。是较古老的、应用广泛的砧木品种，以早熟砧木闻名。适于在微酸性土壤中生长。该砧木是法国第七位的砧木，主要用于波尔多。也是南非第二位的砧木品种。

7.1103P 意大利用伯兰氏葡萄与沙地葡萄杂交育成。雄株。植株生长旺。极抗根瘤蚜，抗根结线虫。抗旱性强，适应黏土地，但不抗涝，抗盐碱。枝条产量中等，每公顷产3万～3.5万米，与品种嫁接成活率高。中国农业科学院果树研究所已引入。

8.110R 中国农业科学院果树研究所已引入。美洲种群内种间杂种。由Rranz Richter于1889年用冬葡萄×河岸葡萄杂交育成。亲本为Berlandieri Resseguier NO.2和Rupestris Martin。

植物学识别特征：嫩梢尖扁平，边缘桃红，布丝毛。幼叶布丝毛，古铜色，光亮，皱有泡状突起。成叶肾形，全缘，极光亮，有细微泡状突起。折成勺状，锯齿大拱形，叶柄洼开张U形，叶背无毛，似Martino雄性不育。新梢棱角明显，光滑，顶端红色。成熟枝条红咖啡色或灰褐色，多棱，无毛，节间长，芽小，半圆形。

农艺性状：抗根瘤蚜，抗根结线虫，抗石灰性土壤（抗17%活性钙），使接穗品种树势旺，生长期延长，成熟延迟，不宜嫁接，易落花、落果的品种。产枝量中等。生根率较低，室内嫁接成活率较低，田间就地嫁接成活率较高。成活后萌蘗很少，发苗慢，前期主要先长根，因此抗旱性很强，适于干旱瘠薄地栽培。

9.140Ru 原产意大利。美洲种群内种间杂种。19世纪末20世纪初，由西西里的Ruggeri培育而成。亲本是Berlandieri Resseguier NO.2和Rupestris STGeorge（du.Lot）。中国农业科学院果树研究所已引入。

植物学识别特征：梢尖有网纹，边缘玫瑰红。幼叶灰绿色，有光泽。成龄叶片肾形，小，厚，扭曲，有光泽，下表面近乎无毛，叶脉上有稀疏茸毛。叶柄接合处红色。叶片全缘，有时基部叶片的裂刻很深，与420A相似。锯齿中等大，凸形。叶柄洼开张拱形，叶柄紫色，光滑，无毛。新梢有棱纹，浅紫色，茸毛稀少。枝蔓有棱纹，深红褐色，光滑，节部有卷丝状茸毛。节间长。芽小而尖。雄性花。

农艺性状：根系极抗根瘤蚜。但可能在叶片上携带有虫瘿。较抗线虫，抗缺铁，耐寒、耐盐碱，抗干旱，对石灰性土壤抗性优异，几乎可达20%。生长势极旺盛，与欧亚品种嫁接亲和力好，适于偏干旱地区偏黏土壤上生长。插条生根较难，田间嫁接效果良好，不宜室内床接。

10.225Ru 中国农业科学院果树研究所已引入。美洲种群内种间杂种。由冬葡萄×沙地葡萄杂交育成。

植物学识别特征：嫩梢浅紫褐色，有茸毛。幼叶有光泽。成叶中等大，近圆形，有锯齿3浅裂。叶柄洼箭形。叶面光滑，叶背有白色茸毛。

农艺性状：较抗根瘤蚜，抗根结线虫，抗旱性较强，耐湿，耐盐性中等，弱于5BB。1年生苗生长势较弱。扦插生根较难，出苗率55%左右。

11.贝达 起源：美洲种，又名贝特。原产于美国。美洲葡萄和河岸葡萄杂交育成。植株生长势极强，抗寒性、抗湿性均强，嫁接品种亲和力好。嫁接品种有小脚现象，但对生长、结果无影响。

植物学识别特征：嫩梢绿色，有稀疏茸毛。幼叶绿色，叶缘稍有红色，叶面茸毛稀疏并有光泽，叶背密生茸毛。1年生枝成熟时红褐色，叶片大，全缘或浅3裂，叶面光滑，叶背有稀疏刺毛。叶柄洼开张。两性花。果穗小，平均穗重191克左右，圆锥形。果粒着生紧密。果粒小，近圆形，蓝黑色，果皮薄；肉软，有囊，味偏酸，有狐臭味。含糖14%，含酸1.6%。在沈阳8月上旬成熟。

农艺性状：植株生长势极强，适应性强，抗病力强，特抗寒，枝条可忍耐-30℃左右的低温，根系可忍耐−11.6℃左右的低温，有一定的抗湿能力，枝条扦插易生根，繁殖容易，并且与欧美种、欧亚杂交种嫁接亲和力强，是最好的抗寒砧木。生产上需注意的是，贝达作为鲜食葡萄品种的砧木时，有明显的小脚现象，而且对根癌病抗性稍弱。目前在我国生产上用的贝达砧木大部分都带有病毒病，应脱毒繁殖后再利用为好，栽培时应予以重视。

第三章

高标准建园

一、园地选择与改良

（一）园地选择

园地选择的好坏与温室或塑料大棚的结构性能、环境调控及经营管理等方面关系很大。因此，园地选择需遵循如下原则：

①为了利于采光，建园地块要南面开阔、高燥向阳、无遮荫，且平坦。

②为了减少温室或塑料大棚覆盖层的散热和风压对结构的影响，要选择避风地带。冬季有季风的地方，最好选在上风向有丘陵、山地（图3-1）、防风林或高大建筑物等挡风的地方。但这些地方又往往形成风口或积雪过大，必须事先调查。另外，要求园地四周不能有障碍物，以利于高温季节通风换气，促进作物的光合作用。

③为使温室或塑料大棚的基础牢固，要选择地基土质坚实的地方，避开土质松软的地方，以防为加大基础或加固地基而增加造价。

④虽然葡萄抗逆性强，适应性广，对土壤条件没有严格要求，但是，设施葡萄建园最好选择土壤质地良好、土层深厚、便于排灌的肥沃沙壤土地构建设施。切忌在重盐碱地（图3-2）、低洼地和地下水位高及种植过葡萄的重茬地建园。

图3-1 山坡地建园

图3-2 盐碱地建园，植株黄化严重

⑤应选离水源、电源和公路等较近、交通运输便利的地块建园，以便于管理与运输。但不能离交通干线过近。同时，要避免在污染源的下风向建园，以减少对薄膜的污染和积尘。

⑥在山区，可在丘陵或坡地背风向阳的南坡梯田构建温室(图3-1)，并直接借助梯田后坡作为温室后墙。这样不仅节约建材，降低温室建造成本，而且温室保温效果良好，经济耐用。

⑦为提高土地利用率，挖掘土地潜力，结合换土与薄膜限根栽培模式，可在戈壁滩等荒芜土地上构建日光温室或塑料大棚(图3-3)。如在中国农业科学院果树研究所的指导下，新疆等地在戈壁滩上构建日光温室，不仅使荒芜的戈壁滩变废为宝，而且充分发挥了戈壁滩的光热资源优势。

图3-3　戈壁滩建园

（二）园地改良

建园前的土壤改良是设施葡萄栽培的重要环节，直接影响设施葡萄的产量和品质。因此，必须加大建园前的土壤改良力度，尤其是土壤黏重、过沙或低洼阴湿的盐碱地。针对不同的土壤质地，应施以不同的改良方法。如黏重地应采取掺沙、底层通透等方法改良；过沙土壤应采取沙土混泥或薄膜限根的方法改良；盐碱地应采取淡水洗盐、草被压盐等方法改良。

但土壤改良的中心环节是增施有机肥，提高土壤有机质含量。有机质含量高的疏松土壤，不仅有利于葡萄根系生长，尤其是有利于葡萄吸收根的发生，而且能吸收更多的太阳辐射能，使地温回升快，且稳定，对葡萄的生长发育产生诸多有利影响。一般于定植前，每667米^{2}施入优质腐熟有机肥5 000 ～ 10 000千克，并混加500千克商品生物有机肥，使肥土混匀。

二、限根栽培

（一）起垄限根

起垄限根（图3-4）模式适于降水充足或过多地区的设施葡萄栽培，是防止积水成涝的有效手段，而且在设施葡萄促早栽培升温时利于地温快速回升，使地温和气温协调一致。具体操作如下：在定植前，按适宜行向和株行距开挖定植沟。定植沟一般宽

80～100厘米，深60～80厘米。定植沟挖完后首先回填20厘米～30厘米厚的砖瓦碎块，其上回填30～40厘米厚的秸秆杂草（压实后形成约10厘米厚的草垫），然后每公顷施入腐熟有机肥75 000～150 000千克与土混匀回填，灌水沉实，再将表土与7 500～15 000千克生物有机肥混匀，起40～50厘米高、80～100厘米宽的定植垄。

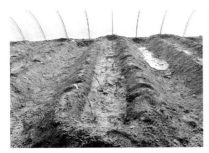

图3-4　起垄限根

（二）沟槽式薄膜限根

沟槽式薄膜限根（图3-5）模式适于降水较少的干旱地区或漏肥漏水严重地区或地下水位过高的地区设施葡萄栽培。在定植前，按适宜行向和株行距开挖定植沟。定植沟一般宽100～120厘米，深40～80厘米。定植沟挖完后首先于沟底和两侧壁铺垫塑料薄膜，然后回填20～30厘米厚的秸秆杂草（压实后形成约10厘米厚的草垫），再将腐熟有机肥与土混匀回填至与地表平。有机肥用量每公顷施入腐熟有机肥75 000～150 000千克和7 500～15 000千克生物有机肥，最后浇透水。

图3-5　沟槽式薄膜限根

三、适宜行向与合理密植

（一）适宜行向

1. **篱架栽培** 以南北行向（图3-6）为宜。因为南北行向比东西行向受光较为均匀。在设施内篱架东西行的北面全天一直受不到直射光照射，而南面则全天受到太阳直射光的照射，所以篱架南面果穗成熟早、品质好，而北面果穗成熟晚，品质差，甚至有叶片黄化的现象。

2. **棚架栽培** 以东西行向（图3-7）为宜。与南北行向相比，东西行向棚架栽培叶幕为南北倾斜叶幕，光照均匀，光能利用率高，果实品质好，成熟期一致。

图3-6 篱架栽培南北行向　　　图3-7 棚架栽培东西行向

（二）合理密植

1. **篱架栽培** 株行距以0.5～1.0米×1.5～2.5米较好，详见第四节合理整形修剪。

2. **棚架栽培** 株行距以2.0～2.5米（双株定植）×4.0～4.5米较佳。

（三）苗木选择

苗木质量（图3-8，图3-9）好坏直接影响到设施葡萄栽培的经济效益和成功与否。因此，设施葡萄建园一定要选择健康无病优质健壮苗木。苗木质量标准见表3-1。

表3-1　葡萄苗质量标准（NY469—2001）

种类	项目			一级	二级	三级
自根（插条）苗	品种纯度			≥98%		
	根系	侧根数量（条）		≥5	≥4	≥4
		侧根粗度（厘米）		≥0.3	≥0.2	≥0.2
		侧根长度（厘米）		≥20	≥15	≥15
		侧根分布		均匀、舒展		
	枝干	成熟度		木质化		
		高度（厘米）		≥20		
		粗度（厘米）		≥0.8	≥0.6	≥0.5
	根皮与茎皮			无损伤		
	芽眼数（个）			≥5		
	病虫为害情况			无检疫对象		
嫁接苗	品种纯度			≥98%		
	根系	侧根数量（条）		≥5	≥4	≥4
		侧根粗度（厘米）		≥0.4	≥0.3	≥0.2
		侧根长度（厘米）		≥20		
		侧根分布		均匀、舒展		
	根干	成熟度		充分成熟		
		枝干高度（厘米）		≥20		
		接口高度（厘米）		10～15		
		粗度（厘米）	硬枝嫁接	≥0.8	≥0.6	≥0.5
			绿枝嫁接	≥0.6	≥0.5	≥0.4
		嫁接愈合程度		愈合良好		
	根皮与茎皮			无损伤		
	接穗品种芽眼数（个）			≥5	≥5	≥3
	砧木萌蘖			完全清除		
	病虫害情况			无检疫对象		

設施葡萄促早栽培實用技術手冊（彩圖版）

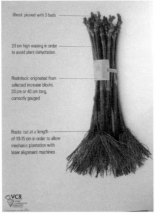

圖3-8　進口健康無毒優質健壯苗木

圖3-9　國內苗木

第四章

合理整形修剪

目前，在设施葡萄生产中，树形普遍采用多主蔓扇形和直立龙干形；叶幕形普遍采用直立叶幕形（即篱壁形叶幕）。普通采用的这几种树形存在如下诸多问题，严重影响了设施葡萄的健康可持续发展。如通风透光性差，光能利用率低；顶端优势强，易造成上强下弱；副梢长势旺，管理频繁，工作量大；结果部位不集中，成熟期不一致，管理不方便；采摘期晚于6月中旬，难于更新修剪等。

中国农业科学院果树研究所葡萄课题组（国家葡萄产业技术体系综合研究室设施栽培团队，中国设施葡萄协作网建设团队）开展了以解决上述问题为目的的设施葡萄高光效省力化树形和叶幕形研究。结果表明，在设施葡萄生产中，高光效省力化树形为单层水平形和单层水平龙干形，配合的高光效省力化叶幕形分别为短小直立叶幕、V形叶幕、水平叶幕和"V＋1"形叶幕或"半V＋1"形叶幕。

一、高光效省力化树形

根据设施葡萄品种成花特性不同，采取不同的高光效省力化树形。如设施葡萄品种为成花节位高，需长梢或超长梢修剪的品种，则适宜树形为单层水平形（图4-1，图4-2）；如设施葡萄品种为成花节位低，需短梢或中短梢混合修剪的品种，则适宜树形为单层水平龙干形（图4-3，图4-4）。

（一）单层水平形

1.主干　有1个倾斜（适于需下架埋土防寒的设施）或垂直（适于无需下架埋土防寒的设施）的主干。

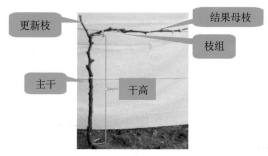

图4-1　单层水平形

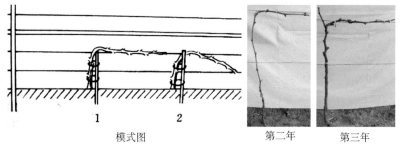

模式图　　　　　　　　第二年　　　　第三年

图4-2　单层水平形模式及示意

2.干高　在日光温室中由北墙向前底角（塑料大棚从中间向两侧）逐渐降低，并依采取的叶幕形不同而异。如采用短小直立叶幕，干高由60厘米逐渐过渡到30厘米；如采用水平叶幕，干高由200厘米逐渐过渡到100厘米；如采用V形叶幕或"V＋1"形叶幕，干高则由100厘米逐渐过渡到40厘米。

3.枝组组成　在主干头部保留1条长的结果母枝和1条短的更新枝。其中结果母枝由北向南弯曲（便于结果母枝基部新梢萌发）。因此，该树形又称为单枝组树形。

4.株距　以0.5～0.6米为宜。株间结果母枝部分重叠，即结果新梢区与非结果新梢区部分重叠。其中非结果新梢区新梢抹除。

5.**行距**　对于需下架埋土防寒者行距以2.5～3.0米为宜；不需下架埋土防寒者，行距根据采取的叶幕形不同而异。一般为1.5～2.5米之间。如采用短小直立叶幕，行距一般以1.5米为宜；如采用V形叶幕或"V＋1"形叶幕，行距一般以1.8～2.0米为宜；如采用水平叶幕，行距一般以2.0～2.5米为宜。

6.**定植模式**　采取单株定植还是双株定植应根据采用的叶幕形不同而异。如采用短小直立叶幕或"半V＋1"形叶幕则须采用单株定植模式，如采用V形叶幕、"V＋1"形叶幕或水平叶幕则须采用双株定植模式。

7.**优缺点**　该树形结果母枝弯曲度大，既抑制了枝条的顶端优势，又对养分输导有一定的限制作用，能够提高成枝率和坐果率，并改善果实品质；结果部位集中，成熟期一致，管理省工；整形修剪方法简易，便于掌握；早期丰产，产量易控制。

（二）单层水平龙干形

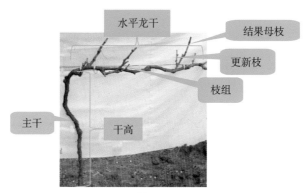

图4-3　单层水平龙干形

1.**主干**　有1个倾斜（适于需下架埋土防寒的设施）或垂直（适于无需下架埋土防寒的设施）的主干，干高与单层水平形相同。

2.**枝组组成**　在主干顶部沿行向保留单臂。单臂由北向南弯曲，臂上均匀分布结果枝组。结果枝组间距20～25厘米。

3.**株行距**　株距以0.7～1.0米为宜；对于需下架埋土防寒者

行距以2.5～3.0米为宜；对于不需下架埋土防寒者根据采取的叶幕形不同而异。一般为1.5～2.5米。如采用短小直立叶幕，行距一般以1.5米为宜；如采用V形叶幕或"V＋1"形叶幕，行距一般以1.8～2.0米为宜；如采用水平叶幕，行距一般以2.0～2.5米为宜。

4. 定植模式　根据采用的叶幕形不同而异。如采用短小直立叶幕或"半V＋1"形叶幕，则须采用单株定植模式；如采用V形叶幕、"V＋1"形叶幕或水平叶幕则须采用双株定植模式。

5. 优缺点　该树形整形修剪容易，便于掌握；结果部位集中，成熟期一致，管理省工；早期丰产，产量易控制。

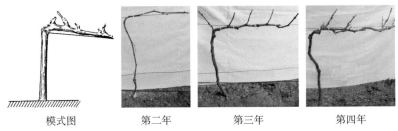

模式图　　　　第二年　　　　第三年　　　　第四年

图4-4　单层水平龙干形模式及示意

二、高光效省力化叶幕形

根据设施葡萄品种成熟期和成花特性不同采取不同的高光效省力化叶幕形：

①成熟期在6月10日之前的品种和棚内新梢花芽分化良好的品种，适宜叶幕为V形叶幕（图4-6）、短小直立叶幕（图4-5）和水平叶幕（图4-7）。

②成熟期在6月10日之后，且棚内新梢花芽分化不良的品种，适宜叶幕为"V＋1"形叶幕（图4-8）和"半V＋1"形叶幕（图4-9）。

（一）短小直立叶幕

1. 结构特点　新梢直立绑缚；新梢间距10～15厘米；叶幕高度0.8米。

2.**适宜行距** 以1.5米为宜。

3.**适宜品种** 生长势弱的品种，且不易发生日烧或日灼的品种如维多利亚、藤稔、87-1等。

4.**适宜架式** 以单篱架为宜。

5.**适宜行向** 以南北行向为宜。

图4-5 短小直立叶幕及模式

6.**优缺点** 架面光照及通风条件良好，有利于提高浆果品质；结果部位集中，成熟期一致；便于密植，利于早期丰产；便于田间管理，利于机械化作业；果实容易发生日烧或日灼现象。

（二）V形叶幕

1.**结构特点** 新梢垂直于行向并向两边倾斜绑缚，与水平面呈30°～45°角；新梢间距10～15厘米；叶幕长度1.2米左右。

图4-6 V形叶幕及模式图

2. **适宜行距** 以1.8米左右为宜。

3. **适宜品种** 生长势中庸的品种如矢富萝莎等。

4. **适宜架式** 以T形架为宜。T形架是在单篱架支柱的顶部加横梁，呈T字形。

5. **适宜行向** 以南北行向为宜。

6. **优缺点** 架面光照及通风条件良好，光能利用率高，有利于提高浆果品质；结果部位集中，成熟期一致；便于密植，利于早期丰产；果实不易发生日烧或日灼现象。

（三）水平叶幕

1. **结构特点** 新梢垂直于行向，并向两侧水平绑缚；新梢间距10～15厘米；叶幕长度1.2米左右。

2. **适宜行距** 以2.0～2.5米为宜。

3. **适宜品种** 生长势中庸或强的品种如夏黑无核等。

4. **适宜架式** 以倾斜式棚架与单篱架混合为宜，即上面倾斜平面为倾斜式棚架，下面垂直立面为单篱架。

5. **适宜行向** 日光温室以南北行向为宜，塑料大棚以东西行向为宜。

6. **优缺点** 架面光照及通风条件良好，光能利用率高，有利于提高浆果品质；结果部位集中，成熟期一致；便于密植，利于早期丰产；便于田间管理，利于机械化作业；果实不易发生日烧或日灼现象；解决了光照与早期丰产的矛盾。

图4-7 水平叶幕及模式

（四）"V＋1"形叶幕

1.**结构特点**　更新梢直立绑缚。树形采取单层水平形，植株每株于结果母枝基部留1条更新梢；采取单层水平龙干形，植株每结果枝组留1条更新梢，更新梢数量与结果枝组数量相同，更新梢间距与结果枝组间距相同。非更新梢垂直于行向，并向两侧倾斜绑缚（与水平面呈30°～45°夹角），新梢间距10～15厘米；叶幕长度1.2米左右。

2.**适宜行距**　以1.8米左右为宜。

3.**适宜品种**　生长势中庸的品种如红地球等。

4.**适宜架式**　以改良式T形架为宜。

5.**适宜行向**　以南北行向为宜。

6.**优缺点**　架面光照及通风条件良好，光能利用率高，有利于提高浆果品质；结果部位集中，成熟期一致；便于密植，利于早期丰产；果实不易发生日烧或日灼现象；解决了设施内新梢花芽分化不良的晚熟品种（果实成熟期在6月中旬以后）果实发育与更新修剪的矛盾，实现连年丰产。该树形缺点为更新预备梢和更新梢操作不便。

图4-8　"V＋1"形叶幕及模式

（五）"半V＋1"形叶幕

1.**结构特点**　更新梢直立绑缚。树形采取单层水平形，植株每株于结果母枝基部留1条更新梢；采取单层水平龙干形，植株每结果枝组留1条更新梢，更新梢数量与结果枝组数量相同，更新梢间距与结果枝组间距相同。非更新梢垂直于行向，并向一侧倾斜绑缚（与水平面呈30°～45°夹角），新梢间距10～15厘米；叶幕长度1.2米左右。

　　2. 适宜行距　以1.6米左右为宜。

　　3. 适宜品种　生长势中庸的品种。

　　4. 适宜架式　以改良式T形架为宜。

　　5. 适宜行向　以东西行向为宜。

　　6. 优缺点　架面光照及通风条件良好，光能利用率高，有利于提高浆果品质；结果部位集中，成熟期一致；便于密植，利于早期丰产；果实不易发生日烧或日灼现象；解决了设施内新梢花芽分化不良的晚熟品种（果实成熟期在6月中旬以后）果实发育与更新修剪的矛盾，实现连年丰产；管理操作简便。

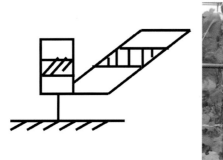

图4-9　"半Ⅴ＋1"形叶幕及模式

三、科学修剪

（一）副梢管理

　　注意加强副梢叶片的利用（图4-10）。因为葡萄生长发育后期主要依靠副梢叶片进行光合作用，在设施葡萄栽培中更为明显。具体操作见第十二章设施葡萄促早栽培周年管理历中的"八浆果发育期"部分。

图4-10　副梢叶片的利用

（二）环割或环剥

于开花前后对主蔓或结果母枝基部环割或环剥（图4-11），可显著提高坐果率，增加单粒重；于果实着色前环割或环剥可显著促进果实成熟，并改善果实品质。

图4-11　环割和环剥

（三）摘心或截顶

减少幼嫩叶片和新梢对营养的消耗，促进花序发育，提高坐

73

果率。具体操作见第十二节设施葡萄促早栽培周年管理历。

（四）摘老叶

摘老叶（图4-12）可明显改善架面通风透光条件，有利于浆果着色。但不宜过早，以采收前10天为宜。如果采取了利用副梢叶技术，则老叶摘除时间可提前到果实开始成熟时。

图4-12　摘老叶

（五）扭梢

对新梢基部进行扭梢（图4-13）可显著抑制新梢旺长；于开花前进行扭梢，可显著提高葡萄坐果率；于幼果发育期进行扭梢，可促进果实成熟和改善果实品质及促进花芽分化。

图4-13　扭梢

第五章

高效肥水利用

一、肥料高效利用

（一）设施葡萄矿质营养吸收利用特点

与露地葡萄相比，设施葡萄具有的特点：土壤温度低，根系吸收功能下降，导致根系对氮、磷、钾、钙、镁、硫、铁、锰、铜、锌、钼、硼等矿质元素的吸收速率变慢；空气湿度高，蒸腾作用弱，矿质元素的主要运输动力——蒸腾拉力降低，导致植株体内矿质元素的运输速率变慢；叶片大而薄、质量差，光呼吸作用强、光合作用弱。三者相互作用导致设施葡萄对矿质营养的吸收利用效率低于露地葡萄，容易出现缺素症等生理病害。

根据设施葡萄的上述生理特点，中国农业科学院果树研究所葡萄课题组（国家葡萄产业技术体系综合研究室设施栽培岗位团队，中国设施葡萄协作网建设团队）提出减少土壤施肥量、强化叶面喷肥，重视微肥施用的设施葡萄施肥新理念。同时，针对性地研制出设施葡萄专用系列叶面肥（氨基酸系列螯合叶面肥等）（图5-1、图5-2、图5-3）。喷施该系列叶面肥在补充设施葡萄植株矿质营养的同时，显著改善叶片质量（叶片变小、增厚、叶绿素含量显著增加），延长叶片寿命；抑制光呼吸，增强光合作用，促进花芽分化，使果实成熟期显著提前；果实可溶性固形物含量显著增加，香味变浓，显著改善果实品质，改善果实的耐储运性。同时，提高设施葡萄植株的耐高温、低温、干旱等抗性和抗病性，促进枝条成熟。

喷施叶面肥叶片浓绿有光泽且寿命长

对照叶片薄无光泽且寿命短

喷施叶面肥枝条成熟度好

对照枝条成熟度差

喷施叶面肥果实成熟早，品质好，
着色一致，果粒大

对照果实成熟晚，品质差，着色
不一致，果粒小

图5-1　氨基酸系列螯合叶面肥在玫瑰香上的使用效果

喷施叶面肥叶片浓绿有光泽、寿命长、病害轻、无日烧

对照叶片薄无光泽、寿命短、病害重、有日烧

喷施叶面肥枝条成熟度好

对照枝条成熟度差

喷施叶面肥果实成熟早，品质好，着色一致，果粒大且整齐

对照果实成熟晚，品质差，着色不一致，果粒小且不整齐

图5-2　氨基酸系列螯合叶面肥在威代尔上的使用效果

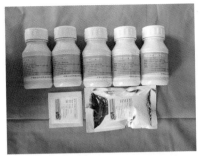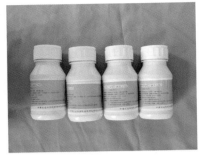

图5-3　设施葡萄系列专用叶面肥（中国农业科学院果树研究所专利产品）

（二）缺素症的发生与防治

1.氮

（1）氮缺乏或过量的表现。葡萄缺氮时，植株生长受阻、叶片失绿黄化、叶柄和穗轴及新梢呈粉红或红色等。氮在植物体内移动性强，可从老龄组织中转移至幼嫩组织中。因此，老叶先开始褪绿，逐渐向上部叶片发展，新叶小而薄，呈黄绿色，易早落、早衰；花、芽及果均少，产量低。

葡萄氮过量时，枝梢旺长，叶色深绿，果实成熟期推迟，果实着色差，风味淡。

（2）氮缺乏或过量发生的条件。

①土壤含氮量低。如沙质土壤，易发生氮素流失、挥发和渗漏，因而含氮低；或者土壤有机质少、熟化程度低，淋溶强烈的土壤，如新垦红黄壤等。

②气候条件。多雨季节，土壤因结构不良而内部积水，导致根系吸收不良，引起缺氮。

③栽培管理措施不当。葡萄抽梢、开花、结果所需的养分，主要靠上年贮藏在树体内的养分来满足。如上年栽培不当，会影响树体氮素贮藏，易发生缺氮。

④施肥不当。施肥不及时或数量不足，易造成秋季抽发新梢及果实膨大期缺氮；大量施用未腐熟的有机肥料，因微生物争夺氮源也易引起缺氮。

而施氮过多，施氮偏迟，磷、钾等配施不合理，养分不平衡常造成氮过量。

（3）氮缺乏或过剩症的诊断。

①形态诊断。根据葡萄氮营养缺乏或过剩症状可作出初步诊断。但需注意与缺硫症状的区别，作物缺硫时新叶先失绿黄化，而缺氮症状则从老叶开始。

②土壤分析诊断。一般以硝态氮或铵态氮作为土壤有效氮的诊断指标。土壤硝态氮（NO_3^--N）低于5毫克/千克为缺乏，30～80毫克/千克为适量；沙质土大于100毫克/千克或黏土大于200毫克/千克为过剩。铵态氮（NH_4^+-N）低于25毫克/千克为缺乏，50～150毫克/千克为适量，大于200毫克/千克为过剩。

③植株营养诊断。盛花后4～8周，取果穗上第一节成熟叶或叶柄分析，叶柄含氮量在0.6%～2.4%为适量。

（4）氮缺乏或过剩症的防治。通常通过如下措施防治缺氮症的发生：以增施有机肥提高土壤肥力为基础，合理施肥，加强水分管理。而通过如下措施防治氮过剩症的发生：根据葡萄不同生育期的需氮特性和土壤的供氮特点，适时、适量地追施氮肥，严格控制用量，避免追施氮肥过迟；合理配施磷、钾及其他养分元素，以保持植株体内氮、磷、钾等养分的平衡。

（5）合理施用时期。氮元素在萌芽期、末花期后和果实采收后3个时期施用效果较好。

2. 磷

（1）磷缺乏或过量的表现。葡萄缺磷时，叶小，叶色暗绿。有时叶柄及背面叶脉呈紫色或紫红色。从老叶开始，叶缘先变为金黄色，然后变成褐色，继而失绿，叶片坏死，干枯。易落花，果实发育不良，果实成熟期推迟，产量低；对生殖生长的影响早于营养生长表现。

葡萄磷素过多时，抑制氮、钾的吸收，并使土壤中或植物体内的铁不能活化，植株生长不良，叶片黄化，产量降低，还能引起缺锌症状。同时，影响对硼和锰的吸收。

(2) **磷缺乏或过量发生的条件。**

①土壤有机质不足。土壤过酸，磷与铁、铝生产难溶性化合物而固定；碱性土壤或施用石灰过多的土壤，磷与土壤中的钙结合，使磷的有效性降低；土壤干旱缺水，影响磷向根系扩散。

②施氮过多，施磷不足，营养元素不平衡。

③长期低温，少光照，果树根系发育不良，影响磷的正常吸收。

而盲目施用磷肥或一次施磷过多造成葡萄磷素过多。

(3) **磷缺乏或过剩症的诊断。**

①形态诊断。根据葡萄缺磷症状，结合土壤和植株的野外速测或土壤有效磷的测定一般可作出初步的判断。

②土壤分析诊断。一般以土壤中有效磷含量多少作为诊断指标。在石灰性、中性和微酸性土壤，通常以0.5摩尔/升 $NaHCO_3$ 提取，磷（P_2O_5）低于10毫克/千克为缺乏，20～25毫克/千克为适量。

③植株营养诊断。盛花后4～8周，取果穗上第一节成熟叶或叶柄分析，叶柄中磷含量在0.10%～0.44%为适量。

(4) **磷缺乏或过剩症的防治。**通常通过如下措施防治缺磷症的发生：

①改土培肥。在酸性土壤上配施石灰，调节土壤pH，减少土壤对磷的固定。同时，增施有机肥，改良土壤。

②合理施用。酸性土壤宜选择钙镁磷肥、钢渣磷肥等含石灰质的磷肥，中性或石灰性土壤宜选用过磷酸钙。

③水分管理。灌水时最好采用温室内预热的水防止地温过低，以提高地温，促进葡萄根系生长，增加对土壤磷的吸收。

而通常采用停止施用磷肥和增施氮、钾肥，以消除磷素过剩。

(5) **合理施用时期。**磷元素在花期前后、果实采收后两个时期施用较好。磷肥的施用时期宜早不宜迟。一般在秋季结合有机肥作为基肥深施，在缺磷十分严重时，生长初期可适当配施过磷酸钙等磷肥。

3.钾

(1) 钾缺乏或过量的表现。葡萄缺钾时，常引起碳水化合物和氮代谢紊乱，蛋白质合成受阻，植株抗病力降低。早期症状为正在发育的枝条中部叶片叶缘失绿，绿色葡萄品种的叶片颜色变为灰白或黄绿色，而黑色葡萄品种的叶片则呈红色至古铜色，并逐渐向脉间伸展，继而叶向上或向下卷曲。严重缺钾时，老叶出现许多坏死斑点，叶缘枯焦、发脆、早落；果实小，穗紧，成熟度不整齐；浆果含糖量低，着色不良，风味差。

葡萄钾过剩阻碍植株对镁、锰和锌的吸收而出现缺镁、锰或缺锌等症状。

(2) 钾缺乏或过量发生的条件。通常由于下列条件的发生导致缺钾症：

①土壤供钾不足。红黄壤、冲积物发育的泥沙土、浅海沉积物发育的砂性土及丘陵山地新垦土壤等，土壤全钾低或质地粗，土壤钾素流失严重，有效钾不足。

②施肥不当。大量偏施氮肥，而有机肥和钾肥施用少；土壤中施入过量的钙和镁等元素，因拮抗作用而诱发缺钾。

③栽培措施管理不当。高产园钾素携出量大，土壤有效钾亏缺严重；排水不良，土壤还原性强，根系活力降低，对钾的吸收受阻。

而由于施钾过量常导致钾过剩症的发生。

(3) 钾缺乏或过剩症的诊断。

①形态诊断。根据葡萄缺钾的典型症状进行判断。

②土壤分析诊断。土壤交换性钾（包括水溶性钾）和缓效钾是判断土壤钾营养丰缺状况的主要指标。土壤交换性钾低于100毫克/千克时有可能出现缺钾症。

③植株营养诊断。盛花后4～8周，取果穗上第一节成熟叶或叶柄分析，叶柄全钾量低于为0.15%缺乏，0.44%～3.0%为适量。

(4) 钾缺乏或过剩症的防治。通常通过如下措施防治缺氮症的发生：①培肥土壤，合理施肥。增施有机肥，培肥地力，合理施用钾肥；控制氮肥用量，保持养分平衡，缓解缺钾症的发生。②排水防渍。防止因地下水位高，土壤过湿，影响根系呼吸或根系发育不良，阻碍果树对钾的吸收。

而常通过少施或暂停施用钾肥，合理增施氮、磷肥等措施解决钾过剩的问题。

（5）合理施用时期。钾元素一般在花期前后和果实采收后等时期施用。

4. 钙

（1）钙缺乏或过量的表现。葡萄缺钙时，叶呈淡绿色，幼叶脉间及边缘褪绿，脉间有灰褐色斑点，继而边缘出现针头大的坏死斑，茎蔓先端枯死。新梢嫩叶上形成褪绿斑，叶尖及叶缘向下卷曲，几天后褪绿部分变成暗褐色，并形成枯斑。新根短粗、弯曲，尖端不久褐变枯死；叶片变小，严重时枝条枯死和花朵萎缩。果实硬度下降，贮藏性变差。

葡萄钙素过多，土壤偏碱而板结，使铁、锰、锌、硼等成为不溶性，导致果树缺素症的发生。

（2）钙缺乏或过量发生的条件。

①缺钙与土壤pH或其他元素过多有关。当土壤强酸性时，有效钙含量降低，含钾量过高也造成钙的缺乏。

②土壤有效钙含量低。由酸性火成岩或硅质砂岩发育的土壤，以及强酸性泥炭土和蒙脱石黏土，或者交换性钠高、交换性钙低的盐碱土均易引起缺钙。

③施肥不当。偏施化肥，尤其是过多使用生理酸性肥料，如氯化铵、氯化钾、硫酸钾、硫酸铵，或在防治病虫害中，经常施用硫黄粉，均会造成土壤酸化，促使土壤中可溶性钙流失，造成缺钙。有机肥用量少，不仅钙的投入少，而且土壤对保存钙的能力也弱，尤其是沙性土壤中有机质缺乏，更容易发生缺钙。

④土壤水分不足。干旱年份因土壤水分不足，易导致土壤中盐浓度增加，抑制果树根系对钙的吸收。

（3）钙缺乏或过剩症的诊断。

①形态诊断。根据葡萄缺钙的典型症状可进行初步判断。但应注意与缺硼区别。缺硼叶片、叶柄易脆，常产生褐色物质使组织变色，而缺钙叶柄无此症状，只分泌透明黏液。

②土壤分析诊断。一般用1摩尔/升 NH_4OAC 提取土壤有效钙作为诊断指标。通常认为南方酸性红壤交换性钙小于56毫克/千克果树容易缺钙。

③植株营养诊断。盛花后4～8周，取果穗上第一节成熟叶或叶柄分析，叶柄全钙量在0.7%～2.0%为适量。

（4）钙缺乏或过剩症的防治。通常通过如下措施防治缺氮症的发生：

①增施有机肥，调节土壤pH。施用石灰或石膏。对于酸性土壤应施用石灰，一般每提高土壤一个单位pH，即从pH5矫正到pH6时，每公顷沙性土壤需施1 000千克消石灰，黏土则需4 000千克消石灰，但一次用量以不超过2 000千克为宜；对于pH超过8.5的果园，应施用石膏，一般用量为1 200～1 500千克为宜。

②控制化肥用量，喷施钙肥。对于缺钙严重的果园，不要一次性用肥过多，特别要控制氮、钾肥的用量。

③灌水。土壤干旱缺水时，应及时灌水，以免影响根系对钙的吸收。

（5）合理施用时期。一般于生长前期、幼果膨大期和果实采前1个月施用钙肥。

5.镁

（1）镁缺乏或过量的表现。葡萄缺镁时，叶片脉间变为黄色，进而成褐色，但叶脉仍保持绿色，呈网状失绿叶。严重时黄化区逐渐坏死，叶片早期脱落。缺镁症状一般从老叶开始，逐渐向上延伸。

葡萄镁素过多引起其他元素如钙和钾的缺乏。

（2）镁缺乏或过量发生的条件。

①含镁低的土壤，如花岗岩、片麻岩、红砂岩及第四纪红色黏土发育的红黄壤。

②质地粗的河流冲积物发育的酸性土壤；含钠盐高的盐碱土及草甸碱土。

③大量施用石灰、过量施用钾肥以及偏施铵态氮肥，易诱发缺镁。

④温暖湿润、高度淋溶的轻质壤土，使交换性镁含量降低。

（3）镁缺乏或过剩症的诊断。

①形态诊断。葡萄缺镁表现为脉间失绿，但应注意与缺铁、缺钾等混淆，需注意鉴别。与缺镁区别是缺铁出现在上位新叶，而缺镁常出现在中下位叶，上位叶一般不出现；与缺钾症的主要区别是，缺镁褪绿常倾向白化，而缺钾通常为黄褐化；缺镁叶片在不少植物的后期出现浓淡不同的紫红色或橘黄色，缺钾则少见。此外，缺镁症大多在结果期发生，易与叶片生理衰老混淆。但衰老叶片为全叶均发黄，而缺镁则是脉绿肉黄。

②土壤分析诊断。一般用土壤交换性镁含量表示土壤的供镁能力。由于镁的有效性还受其他共存离子（特别是钾）及镁占总代换量比率的影响，所以常在一起考虑。当土壤交换性镁低于6毫克/100克土（或氧化镁低于10毫克/100克土），土壤镁／钾比值低于1或交换性镁占代换量低于10%时为缺镁；土壤交换性镁大于10毫克/100克土，镁／钾比值大于2或交换性镁占代换量大于10%时，一般不缺镁。

③植株营养诊断。盛花后4～8周，取果穗上第一节成熟叶或叶柄分析，叶柄全镁量低于0.22%为缺乏，0.26%～1.5%为适量。

（4）镁缺乏或过剩症的防治。通常通过如下措施防治缺镁症的发生：增施有机肥；土壤施入镁石灰、钙镁磷肥和硫酸镁等含镁肥料。一般镁石灰每公顷施入750～1 000千克，或用钙镁磷肥600～750千克；叶面喷施氨基酸镁等含镁叶面肥迅速矫正缺镁症。

（5）合理施用时期。一般于幼果膨大期和果实采收后两个时期施用镁肥。

6.硼

（1）硼缺乏或过量的表现。葡萄缺硼时，新梢顶端叶片边缘出现淡黄色水渍状斑点，以后可能坏死，幼叶畸形，叶肉皱缩，节间短，卷须出现坏死。老叶肥厚，向背反卷。严重缺硼时，主干顶端生长点坏死，并出现小的侧枝，枝条脆，未成熟的枝条往往出现裂缝或组织损伤；花蕾不能正常开放，有时花冠干枯脱落，花帽枯萎依附在子房上，花粉败育，落花、落果严重，浆果成熟期不一致，小粒果多，果穗扭曲畸形，产量、品质降低；根系短而粗，肿胀并形成结节。

（2）硼缺乏或过量发生的条件。通常由于下列条件的发生导致缺硼症的发生：

①土壤条件。在耕层浅、质地粗的沙砾质酸性土壤上，由于强烈的淋溶作用，土壤有效硼降至极低水平，极易发生缺硼症。

②气候条件。干旱时土壤水分亏缺，硼的迁移或吸收受抑制，容易诱发缺硼。

③氮肥施用过多。偏施氮肥容易引起氮和硼的比例失调以及稀释效应，加重果树缺硼。

④雨水过多或灌溉过量，易造成硼离子淋失，尤其是对于沙滩地葡萄园，由此造成的缺硼现象较为严重。

而下列条件通常造成硼过剩症的发生：硼中毒易发生在硼砂和硼酸厂附近，也可能发生在干旱和半干旱地区。这些地区土壤和灌溉水中含硼量较高，当灌溉水含硼量大于1毫克/升时，就容易发生硼过剩。同时，硼肥施用过多或含硼污泥施用过量都会引起硼中毒。

（3）硼缺乏或过剩症的诊断。

①形态诊断。根据缺硼症状一般可作出初步诊断。

②土壤分析诊断。一般土壤有效硼测定用热水提取。当有效硼（B）低于0.25毫克/千克（风干土计）为严重缺乏，0.5～0.8毫克/千克为缺乏，0.8～1.2毫克/千克为适宜，大于2.0毫克/千克为过量。

③植株营养诊断。盛花后4～8周的末花期，取果穗上第一节成熟叶或叶柄分析，叶柄硼含量低于25毫克/千克为缺乏，40～60毫克/千克为适量。

（4）硼缺乏或过剩症的防治。通常通过如下措施防治缺硼症的发生：增施有机肥、改善土壤结构、注意适时适量灌水、合理施肥，缺硼土壤土壤施硼宜在秋季每年适量进行，每亩*每年施入硼砂0.5千克，效果优于间隔几年一次大量施入。

---

*亩非法定计量单位，1亩≈667米^2。下同。

常通过如下措施解决硼过剩的问题：控制硼污染；酸性土壤适当施用石灰，可减轻硼毒害；灌水淋洗土壤，减少土壤有效硼含量。

（5）合理施用时期。硼素的施用一般在花前1周、幼果期和果实采收后3个时期，以秋季喷施效果最佳。

7. 锌

（1）锌缺乏或过量的表现。葡萄缺锌时，缺锌枝条细弱，新梢叶小密生，节间短，顶端呈明显小叶丛生状，树势弱，叶脉间叶肉黄化，呈花叶状。严重缺锌时，枝条死亡，花芽分化不良，落花落果严重，果穗和果实均小，果粒不整齐，无籽效果多，果实大小粒严重，产量显著下降。

（2）锌缺乏或过量发生的条件。

①土壤条件。缺锌主要发生在中性或偏碱性的钙质土壤和有机质含量低的贫瘠土壤。前者土壤中锌的有效性低，后者有效锌供应不足。

②施肥不当。过量施用磷肥不仅对果树根系吸收锌有明显的拮抗作用，而且，还会因为果树体内磷锌比失调而降低锌在体内的活性，诱发缺锌。

（3）锌缺乏或过剩症的诊断。

①形态诊断。根据前述的缺锌症状，结合土壤pH的测定（pH大于7），一般即可作出初步的判断。

②土壤分析诊断。果树缺锌多发生在pH > 7.0的土壤，用DTPA溶液（0.005 摩尔/升 DTPA+0.1摩尔/升 $CaCl_2$+0.1摩尔/升 TEA-三乙醇胺）提取的土壤有效锌低于0.5毫克/千克（风干土计）为缺乏，1.1 ~ 2.0毫克/千克为适量。对于酸性土壤，用0.1摩尔/升盐酸提取的土壤有效锌低于1.0毫克/千克为缺乏，1.6 ~ 3.0毫克/千克为适量。

③植株营养诊断。盛花后4 ~ 8周，取果穗上第一节成熟叶或叶柄分析，叶柄全锌量低于11毫克/千克为缺乏，25 ~ 50毫克/千克为适量。

（4）锌缺乏或过剩症的防治。通常通过如下措施防治缺氮症的发生：

①合理施肥。在低锌土壤上要严格控制磷肥用量；在缺锌土壤上则要做到磷肥与锌肥配合施用。同时，还应避免磷肥的过分集中施用，防止局部磷、锌比失调而诱发葡萄缺锌。

②增施锌肥。土施硫酸锌时，每公顷用15～30千克，并根据土壤缺锌程度及固锌能力进行适当调整。叶面喷施氨基酸锌等锌肥可迅速矫正缺锌症。值得注意的是，无论土施还是叶面喷施，锌肥的残效较明显，因此，无需年年施用。

③锌在土壤中移动性很差，在植物体中，当锌充足时，可以从老组织向新组织移动，但当锌缺乏时，则很难移动，可从增施有机肥等措施做起，补充树体锌元素最好的方法是叶面喷施。

(5) 合理施用时期。一般于盛花前2周到坐果期和秋季落叶前施用。

8. 铁

(1) **铁缺乏或过量的表现。**葡萄缺铁时，新梢叶片失绿，在同一病梢上的叶片，症状自下而上加重，甚至顶芽叶簇几乎漂白；叶脉常保持绿色，且与叶肉组织的界限清晰，形成鲜明的网状花纹，少有污斑杂色及破损。严重缺铁时，白化叶持续一段时间后，在叶缘附近也会出现烧灼状焦枯或叶面穿孔，提早脱落，呈枯梢状；坐果稀少，甚至不坐果，果粒变小，色淡，无味，品质低劣。

(2) **铁缺乏或过量发生的条件。**

①土壤条件。缺铁大多发生在碱性土壤上，尤其是石灰性或次生石灰性土壤，如石灰性紫色土及浅海沉积物发育成的滨海盐土。这是因为土壤pH高，铁的有效性降低；土壤溶液中的钙离子与铁存在拮抗作用；HCO_3^-积累，使铁活性减弱。另外，土壤中有效态的铜、锌、锰含量过高，对铁吸收有明显的拮抗作用，也会引起缺铁症。

②施肥不当。大量施用磷肥会诱发缺铁。主要是土壤中过量的磷酸根离子与铁结合形成难溶性的磷酸铁盐，使土壤有效铁减少；果树吸收过量的磷酸根离子也能与铁结合成难溶化合物，影响铁在果树体内的转运，妨碍铁参与正常的代谢活动。

③气候条件。多雨促发果树缺铁。雨水过多导致土壤过湿，会使石灰性土壤中的游离碳酸钙溶解产生大量HCO_3^-。同时，又与通气不良，根系和微生物呼吸作用产生的CO_2不能及时逸出到大气中，也引起HCO_3^-的积累，从而降低铁有效性，导致缺铁。

（3）铁缺乏或过剩症的诊断。

①形态诊断。根据前述的缺铁症状，结合土壤pH的测定（pH＞7.0）一般可做出初步判断。但在实际应用时必须与缺硼、缺镁、缺锰等症状相区分。特别要注意病症的发展顺序。缺铁的叶片先是无绿色，随着叶片发育，从叶脉开始逐渐复绿；缺镁等症状则是一个失绿过程。当缺铁葡萄新叶出现黄化症状的初期，叶面喷施氨基酸铁，间隔5～7天后，如出现雾滴状复绿现象，即可确诊为缺铁。

②土壤分析诊断。目前一般以pH4.0的醋酸－醋酸铵溶液提取的土壤易溶态铁作为诊断指标。当低于5.0毫克/千克（风干土计）为缺乏。

③植株营养诊断。盛花后4～8周，取果穗上第一节成熟叶或叶柄分析，叶柄铁含量在30～100毫克/千克为适量。

（4）铁缺乏或过剩症的防治。通常通过如下措施防治缺铁症的发生：

①改良土壤。矫正土壤酸碱度，以改善土壤结构和通气性，提高土壤中铁的有效性和葡萄根系对铁的吸收能力。

②合理施肥。控制磷、锌、铜、锰肥及石灰质肥料的用量，以避免这些营养元素过量对铁的拮抗作用。

③选用耐缺铁砧木，能有效预防缺铁症的发生；施用铁肥，如氨基酸铁采取多次叶面喷施、树干注射和埋瓶等方法。

9.锰

（1）锰缺乏或过量的表现。葡萄缺锰时，新叶脉间失绿，呈淡绿色或淡黄绿色，叶脉仍保持绿色。但多为暗绿色，失绿部分有时会出现褐斑，严重时失绿部分呈苍白色，叶片变薄，提早脱落，形成秃枝或枯梢；根尖坏死；坐果率降低，果实畸形等。

葡萄锰过量时，功能叶叶缘失绿黄化甚至焦枯，呈棕色至黑褐色，提早脱落。

(2) **锰缺乏或过量发生的条件**。通常由于下列条件：

①土壤条件。多发生在耕层浅、质地粗的山地沙土和石灰性土壤，如石灰性紫色土和滨海盐土等。前者地形高凸，淋溶强烈，土壤有效锰供应不足；后者pH高，锰的有效性低。

②耕作管理措施不当。过量施用石灰等强碱性肥料，会使土壤有效锰含量在短期内急剧降低，从而诱发缺锰。另外，施肥及其他管理措施不当，也会导致土壤溶液中铜、铁、锌等离子含量过高，引起缺锰症的发生。

(3) **锰缺乏或过剩症的诊断**。

①形态诊断。根据前述的缺锰症状，结合土壤pH的测定 (pH > 7.0) 一般可做出初步判断。但在实际应用时必须与缺铁、缺镁等症状相区分。缺锰叶片黄化以黄绿为主，对光观察尤为明显。缺铁叶片以黄白色或黄绿相间的花纹叶为主。缺锰与缺镁的区别主要在于发生叶位。另外，由于发生缺锰和缺铁的土壤pH条件几无差异，葡萄最有可能同时出现缺锰和缺铁症状，这需特别注意。在新叶出现失绿症状的前期，叶面喷施0.2%的硫酸锰溶液，间隔3～7天观察，如出现复绿现象，即可确诊为缺锰。一般锰过剩症发生的土壤pH大于5.5。

②土壤分析诊断。目前尚缺乏公认的土壤有效锰的诊断指标。现常用的土壤有效锰是指水溶态锰、交换态锰（中性乙酸铵提取）和易还原态锰（中性乙酸铵加对苯二酚提取）的总和或DTPA溶液提取的锰。一般土壤有效锰（Mn）100～200毫克/千克为中等水平，50～100毫克/千克为低水平，小于50毫克/千克为极低水平。就石灰性土壤而言，以DTPA溶液提取的有效锰临界指标为100毫克/千克。

③植株营养诊断。盛花后4～8周，取果穗上第一节成熟叶或叶柄分析，叶柄锰含量低于18毫克/千克为缺乏，30～650毫克/千克为适量。

(4) **锰缺乏或过剩症的防治**。

通常通过如下措施防治缺锰症的发生：

①改良土壤。一般可施入有机肥和硫黄。

②土壤施肥。每公顷施入15～30千克硫酸锰。

③叶面喷施。叶面喷施氨基酸锰或硫酸锰（0.05%～1.0%）可迅速矫正。

一般采取如下措施解决锰过剩症的问题：

①改良土壤环境。适量施用石灰（每公顷750～1 500千克），以中和土壤酸度，可降低土壤中锰的活性。此外，应加强土壤水分管理，及时开沟排水，防止因土壤渍水而使大量锰还原，促发锰中毒。

②合理施肥。施用钙镁磷肥、草木灰等碱性肥料及硝酸钙、硝酸钠等生理碱性肥料，可中和部分土壤酸度，降低土壤中锰的活性。尽量少施过磷酸钙等酸性肥料和硫酸铵、氯化铵、氯化钾等生理酸性肥料，避免诱发锰中毒症。

10.氯

（1）**氯中毒的表现**。葡萄缺氯时，受害植株叶片边缘先失绿，进而变成淡褐色，并逐渐扩大到整叶，过1～2周开始落叶，先叶片脱落，进而叶柄脱落。受害严重时，造成整株落叶。随着果穗萎蔫，青果转为紫褐色后脱落。新梢枯萎，新梢上抽生的副梢也受害，引起落叶、枯萎，最终引起整株枯死。

（2）**氯中毒发生的条件**。施肥不当。大量施用氯化钾或氯化铵及含氯复混肥是引起果树氯害的主要原因，尤其是将肥料集中施在根际附近时更易引起受害。

（3）**氯中毒的诊断**。

①形态诊断。根据前述葡萄氯中毒症状可作出初步诊断。但葡萄氯中毒症状与盐害症状较难区分，有时甚至同时发生。因此，还必须结合土壤和植株分析进行判断。

②土壤分析诊断。土壤水溶性氯含量的临界值，葡萄幼树为400毫克/千克。

（4）**氯中毒的防治**。通常通过如下措施防治氯中毒的发生：

①控制含氯化肥的施用，特别是要控制含氯化钾和氯化铵的"双氯"复混肥的施用量，以防因氯离子过多而造成对果树的危害。

②在没有灌溉条件和排水不良的盐碱地，以及在干旱季节，不宜使用含氯化肥。

③当发现产生氯害时，应及时把施入土中的肥料移出，同时，叶面喷施氨基酸钾、硒等叶面肥（中国农业科学院果树研究所研制）以恢复树势。如严重，需进行重剪，以尽快恢复其生产能力。

（三）设施葡萄肥料使用量与方法

1.更新修剪前或不需更新修剪的植株 重视萌芽肥（氮为主），追好膨果肥（氮、磷、钾合理搭配），巧施着色肥（钾为主），强化叶面（设施葡萄专用氨基酸系列螯合叶面肥，中国农业科学院果树研究所研制）。施肥量要根据土壤状况、植株生长指标的需求来确定。

一般情况下生产1 000千克葡萄所需的养分吸收量：氮5～10千克，五氧化二磷2～4千克，氧化钾5～10千克。葡萄对氮、磷、钾三要素的吸收比率约为1∶0.4∶1。

2.更新修剪后

（1）对于采取平茬更新和完全重短截更新修剪的树体。在平茬和重短截的同时需结合进行断根处理，然后增施有机肥和以氮肥为主的化肥如尿素和二铵等，以调节地上地下平衡，补充树体营养，防止冬芽萌发新梢黄化和植株老化。待新梢长至20厘米左右时开始叶面喷肥，一般每7～10天喷施一次氨基酸叶面微肥。待新梢长至80厘米左右时施用一次以钾肥为主的复合肥，并掺施适量硼砂，叶面肥改为氨基酸硼和氨基酸钾混合喷施。每10天左右喷施一次。

（2）对于采取压蔓更新超长梢修剪和选择性重短截更新的树体。一般于新梢长至20厘米左右时开始强化叶面喷肥，配方以氨基酸（展叶4片至花前10天）、氨基酸硼（盛花前后10天）、氨基酸钙（幼果发育期）和氨基酸钾（着色至成熟期）为宜；待果实采收后及时施一次牛、羊粪等农家肥或商品有机肥作为基肥，并混加葡萄专用肥和一定量的硼砂及过磷酸钙等，以促进更新梢的花芽分化和发育。

二、水分高效利用

葡萄植株需水有明显的阶段特异性。从萌芽至开花对水分需求量逐渐增加，开花后至开始成熟前是需水最多的时期，幼果第一次迅速膨大期对水分胁迫最为敏感，进入成熟期后，对水分需求变少、变缓。

（一）萌芽前后至开花期

萌芽前后正是葡萄开始生长和花序原基继续分化的时期，及时灌水可促进发芽整齐和新梢健壮生长。此期使土壤湿度保持在田间持水量的70%～80%。

花前如果干旱需浇一次小水，可促进葡萄开花整齐，促进坐果。但在花期不宜浇水，此次水一般应在花前一周进行。

（二）新梢生长和幼果膨大期

此期为葡萄的需水临界期。如水分不足，叶片和幼果争夺水分，常使幼果脱落，严重时导致根毛死亡，地上部生长明显减弱，产量显著下降。土壤湿度宜保持在田间持水量的75%～80%。

（三）果实迅速膨大期

此期既是果实迅速膨大期又是花芽大量分化期，及时灌水对果实发育和花芽分化有重要意义。土壤湿度宜保持在70%～80%。

（四）浆果转色至成熟期

在葡萄浆果成熟前应严格控制灌水，应于采前15～20天停止灌水。土壤湿度宜保持在55%～65%。

（五）更新修剪或采果后

更新修剪或采收后灌水，树体正在积累营养物质阶段，对次年的生长发育关系很大。

（六）越冬水

葡萄落叶后必须灌一次透水。冬灌不仅能保证植株安全越冬，同时，对下年生长结果也十分有利。

进行水分管理时，催芽水、更新水和越冬水要按传统灌溉方式浇透水，其余时间灌溉时要采取隔行交替灌溉（根系分区交替灌溉）方式灌溉（图5-4）。采取根系分区交替灌溉方式进行水分管理，不仅提高水分利用率，而且抑制营养生长，提早成熟，显著改善果实品质。

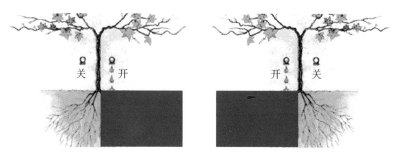

图5-4　根系分区交替灌溉示意

三、肥水周年管理关键点

（一）萌芽前

浇一次萌芽水，可追施适量氮肥。

（二）花前1～2周

为叶面喷肥防止硼、锌、铁等元素缺素症的关键时期，常喷施氨基酸硼、氨基酸锌和氨基酸铁等进行矫正。

（三）落花后至转色期

浇一次水，并保持土壤良好墒情。依情况土壤适量追施氮、磷、钾和钙肥等，叶面喷施氨基酸钙、氨基酸硒（生产富硒功能性保健果品）等。

（四）着色至成熟期

维持适量的土壤水分；追施适量钾肥等，叶面喷施氨基酸钾；转色期喷施适量具有促进着色及催熟效果的光合增效叶面微肥早熟宝（中国农业科学院果树研究所研制），可有效促进果实成熟，改善果实品质。

（五）更新期

对于需要采取平茬更新或完全重短截更新修剪的品种，于更新修剪后结合断根处理，增施优质腐熟有机肥或生物有机肥，并添加适量氮肥，浇一次透水。

（六）果实采收后

对于不需更新修剪的品种，于果实采收后施有机肥，并追加适量化肥，浇一次水。

（七）落叶前后

浇封冻水。

第六章

育壮促花

一、促长整形

（一）抹芽、定梢

萌芽后及时抹除砧木萌蘖和细弱新梢，每株葡萄留一健壮新梢。当新梢长至30厘米时，及时对新梢加以引缚以利于培养健壮新梢，并及时摘除卷须。绑梢用绑梢器（图6-1）、与人工绑梢相比，可提高工作效率5～6倍。

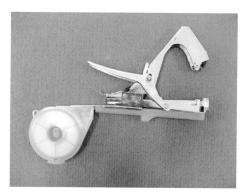

图6-1　绑梢器

（二）强化肥水管理

当新梢长至20～30厘米时，开始每7天叶面喷施一次氨基酸叶面肥（中国农业科学院果树研究所研制并申请专利），每半月每株土施一次25～50克尿素，并浇透水，直到6月底为止。

（三）加强副梢管理

结合品种特性和整形要求，加强副梢管理。一般对顶端1～2

个副梢以下的其余副梢留一叶绝后摘心（绝后摘心即将副梢所留叶片叶腋处冬芽抹除，防止再萌发新梢。如图6-2所示），促使新梢生长健壮和花芽分化。

图6-2　绝后摘心

（四）病虫害防治

常见病害有霜霉病（常用烯酰吗啉、波尔多液、代森锰锌、甲霜灵和霜脲氰等防治）、黑痘病（常用波尔多液、代森锰锌、氟硅唑、烯唑醇和苯醚甲环唑等防治）、灰霉病（常用波尔多液、代森锰锌、烟酰胺、嘧霉胺等防治）、炭疽病（常用波尔多液、代森锰锌、烟酰胺等防治）和白腐病（常用波尔多液、代森锰锌、烯唑醇和氟硅唑等防治）等。

常见虫害有红蜘蛛和毛毡病（常用阿维菌素、哒螨酮和四螨嗪等防治）、蓟马、白粉虱、斑衣蜡蝉（常用苦参碱、吡虫啉、高效氯氰菊酯和毒死蜱等防治）和介壳虫等。

二、控长促花

（一）摘心控旺

当选留健壮新梢长至80厘米时摘心，摘心后顶端副梢继续延长生长，其余副梢留1叶绝后摘心，促主蔓充分发育。当顶端保留的延长梢长至40～60厘米时，进行第一次摘心，副梢处理同上。依次类推，进行第三、第四次摘心。

（二）化学控旺

7月中旬始叶面喷施多效唑或PBO，控长促花。喷施次数视葡萄树势而定。一般喷施2～3次即可。设施葡萄一般不提倡进行化学物质控旺促花。

（三）控水控氮、增施磷钾肥

7月中旬始每10天叶面喷施一次氨基酸硼和氨基酸钾叶面肥（中国农业科学院果树研究所研制并申请专利），直至10月上旬为止；7月下旬土施一次硫酸钾复合肥，亩用量30千克；8月下旬将硫酸钾化肥与腐熟优质有机肥混匀施入，每亩施腐熟优质有机肥5方，混加生物有机肥500千克，并适当掺施硼砂和过磷酸钙等，施肥后立即浇透水。此期应适当控水，若土壤墒情好，一般不浇水，雨季注意排涝。

第七章

休眠调控与扣棚升温

在设施葡萄促早栽培中，葡萄进入深休眠后，只有休眠解除即满足品种的需冷量才能开始加温，否则过早加温会引起不萌芽，或萌芽延迟，且不整齐，而且新梢生长不一致，花序退化，浆果产量和品质下降等问题。因此，在促早栽培中，我们常采取一定措施，使葡萄休眠提前解除，以便提早扣棚升温进行促早生产。在生产中常采用人工集中预冷等物理措施和化学破眠等人工破眠技术措施达到这一目的。

一、设施葡萄常用品种的需冷量

葡萄解除内休眠（又称生理休眠，自然休眠）所需的有效低温时数或单位数称为葡萄的需冷量，即有效低温累积起始之日至生理休眠解除之日止时间段内的有效低温累积。

（一）常用估算模型

1. 低于7.2℃模型

（1）低温累积起始日期的确定。以深秋初冬日平均温度稳定通过7.2℃的日期为有效低温累积的起始日期，常用5日滑动平均值法确定。

（2）统计计算标准。以打破生理休眠所需的≤7.2℃低温累积小时数作为品种的需冷量，≤7.2℃低温累积1小时记为1小时，单位为小时。

2. 0 ~ 7.2℃模型

（1）低温累积起始日期的确定。以深秋初冬日平均温度稳定通过7.2℃的日期为有效低温累积的起始日期，常用5日滑动平均值法确定。

（2）统计计算标准。以打破生理休眠所需的0 ~ 7.2℃低温累积小时数作为品种的需冷量，0 ~ 7.2℃低温累积1小时记为1小时，单位为小时。

3. 犹他模型

（1）低温累积起始日期的确定。以深秋初冬负累积低温单位绝对值达到最大值时的日期即日低温单位累积为0左右时的日期为有效低温累积的起点。

（2）统计计算标准。不同温度的加权效应值不同，规定对破眠效率最高的最适冷温1个小时为一个冷温单位，而偏离适期适温的对破眠效率下降，甚至具有负作用的温度其冷温单位小于1或为负值，单位为C·U。换算关系如下：2.5 ~ 9.1℃打破休眠最有效。该温度范围内1小时为一个冷温单位（1 C·U）；1.5 ~ 2.4℃及9.2 ~ 12.4℃只有半效作用。该温度范围内1小时相当于0.5个冷温单位；低于1.4℃或12.5 ~ 15.9℃之间则无效。该温度范围内1小时相当于0个冷温单位；16 ~ 18℃低温效应被部分抵消。该温度范围内1小时相当于−0.5个冷温单位，18.1 ~ 21℃低温效应被完全抵消。该温度范围内1小时相当于−1个冷温单位；21.1 ~ 23℃温度范围内1小时相当于−2个冷温单位。

上述需冷量估算模型均为物候学模型。因此，其准确性受制于特定的气候条件和环境条件。究竟以何种估算模型作为我国设施葡萄品种需冷量的最佳估算模型有待深入研究。

（二）设施葡萄常用品种的需冷量

见表7-1。

表7-1　不同需冷量估算模型估算的不同品种群品种的需冷量

品种及品种群	0～7.2℃模型（小时）	≤7.2℃模型（小时）	犹它模型（C·U）	品种及品种群	0～7.2℃模型（小时）	≤7.2℃模型（小时）	犹它模型（C·U）
87－1（欧亚）	573	573	917	布朗无核（欧美）	573	573	917
红香妃（欧亚）	573	573	917	莎巴珍珠（欧亚）	573	573	917
京秀（欧亚）	645	645	985	香妃（欧亚）	645	645	985
8612（欧美）	717	717	1 046	奥古斯特（欧亚）	717	717	1 046
奥迪亚无核（欧亚）	717	717	1 046	藤稔（欧美）	756	958	859
红地球（欧亚）	762	762	1 036	矢富萝莎（欧亚）	781	1 030	877
火焰无核（欧亚）	781	1 030	877	红旗特早玫瑰（欧亚）	804	1 102	926
巨玫瑰（欧美）	804	1 102	926	巨峰（欧美）	844	1 246	953
红双味（欧美）	857	861	1 090	夏黑无核（欧美）	857	861	1 090
凤凰51（欧亚）	971	1 005	1 090	优无核（欧亚）	971	1 005	1 090
火星无核（欧美）	971	1 005	1 090	无核早红（欧美）	971	1 005	1 090

二、促进休眠解除的技术措施

（一）物理措施

1.三段式温度管理人工集中预冷技术　利用夜间自然低温进行集中降温的预冷技术是目前生产上最常用的人工破眠措施，即当深秋、初冬日平均气温稳定通过7～10℃时，进行扣棚，并覆盖草苫。在传统人工集中预冷的基础上，中国农业科学院果树研究所葡萄课题组创新性的提出三段式温度管理人工集中预冷技术(图7-1、图7-2)使休眠解除效率显著提高，休眠解除时间显著提前。具体操作：人工集中预冷前期（从覆盖草苫始到最低气温低于0℃止），夜间揭开草苫并开启通风口，让冷空气进入，白天盖上草苫，并关闭通风口，保持棚室内的低温；人工集中预冷中期（从最低气温低于0℃始至白天大多数时间低于0℃止），昼夜覆盖草苫，防止夜间温度过低；人工集中预冷后期（从白天大多数时间低于0℃始至开始升温止），夜晚覆盖草苫，白天适当开启草苫，让设施内气温略有回升，升至7～10℃后覆盖草苫。

人工集中预冷的调控标准：使设施内绝大部分时间气温维持在2～9℃，一方面使温室内温度保持在利于解除休眠的温度范围内，另一方面避免地温过低，以利于升温时气温与地温协调一致。

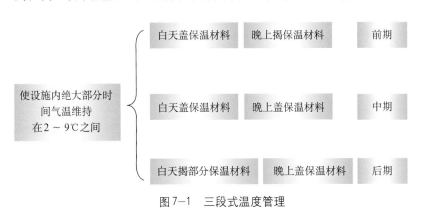

图7-1　三段式温度管理

图7-2　三段式温度管理人工集中预冷

2. 带叶休眠　中国农业科学院果树研究所葡萄课题组多年研究结果表明，在人工集中预冷过程中，与传统去叶休眠相比，采取带叶休眠的葡萄植株提前解除休眠，而且葡萄花芽质量显著改善。因此，在人工集中预冷过程中，一定要采取带叶休眠的措施，不应采取人工摘叶或化学去叶的方法，即在叶片未受霜冻伤害时扣棚，开始进行带叶休眠人工集中预冷处理（图7-3）。

图7-3　带叶休眠

（二）化学措施

1. 常用破眠剂

（1）石灰氮 $Ca(CN)_2$。在使用时，一般是调成糊状进行涂芽或者经过清水浸泡后取高浓度的上清液进行喷施。石灰氮水溶液的一般配制方法是将粉末状药剂置于非铁容器中，加入 4 ～ 10 倍的温水（40℃ 左右），充分搅拌后静置 4 ～ 6 小时，然后取上清液备用。为提高石灰氮溶液的稳定性及其破眠效果，减少药害的发生，适当调整溶液的 pH 是一种简单可行的方法。在 pH 为 8 时，药剂表现出稳定的破眠效果，而且贮存时间也可以相应延长，调整石灰氮的 pH 可用无机酸（如硫酸、盐酸和硝酸等），也可用有机酸（如醋酸等）。石灰氮打破葡萄休眠的有效浓度因处理时期和品种而异。一般是 1 份石灰氮对 4 ～ 10 份水。

（2）单氰胺（H_2CN_2）。一般认为单氰胺对葡萄的破眠效果比石灰氮更好。目前在葡萄生产中，主要采用经特殊工艺处理后含有 50% 有效成分（H_2CN_2）的稳定单氰胺水溶液——Dormex（多美滋），在室温下贮藏有效期很短，如在 1.5 ～ 5℃ 条件下冷藏，有效期至少可以保持一年以上。单氰胺打破葡萄休眠的有效浓度因处理时期和品种而异。一般是 0.5% ～ 3.0%。配制 H_2CN_2 或 Dormex 水溶液时需要加入非离子型表面活性剂（一般按 0.2% ～ 0.4% 的比例）。一般情况下，H_2CN_2 或 Dormex 不与其他农用药剂混用。

2. 专用破眠剂 在葡萄休眠解除机制研究的基础上，中国农业科学院果树研究所葡萄课题组（国家葡萄产业技术体系综合研究室设施栽培团队）研制出破眠综合效果优于石灰氮和单氰胺的葡萄专用破眠剂（已申请专利）（图7-4、图7-5）。

图7-4 破眠剂

图7-5 破眠处理

3.注意事项

（1）使用时期。

①促进休眠解除。温带地区葡萄的冬促早或春促早栽培使休眠提前解除，促芽提前萌发，需有效低温累积达到葡萄需冷量的2/3～3/4时使用一次。亚热带和热带地区葡萄的露地栽培，为使芽正常整齐萌发，需于萌芽前20～30天使用一次。施用时期过早，需要破眠剂浓度大，而且效果不好；施用时期过晚，容易出现药害。

②逆转休眠。葡萄的避眠栽培或两季生产（秋促早栽培），促使冬芽当年萌发，需于花芽分化完成后至达到深度自然休眠前结合剪梢、去叶等措施使用一次。

（2）使用效果。破眠剂解除葡萄芽内休眠使芽萌发后，新梢的延长生长取决于处理时植株所处的生理阶段。处理时期不能过早，过早葡萄芽萌发后新梢延长生长受限。

（3）使用时的天气情况。为降低使用危险性，且提高使用效果，石灰氮或单氰胺等破眠剂处理一般应选择晴好天气进行，气温以10～20℃最佳，气温低于5℃时应取消处理。

　　（4）使用方法。直接喷施休眠枝条（务必喷施均匀周到）或直接涂抹休眠芽。如用刀片或锯条将休眠芽上方枝条刻伤后再使用破眠剂破眠效果将更佳（图7-6）。

图7-6　破眠剂使用

　　（5）安全事项。石灰氮或单氰胺均具有一定毒性，因此，在处理或贮藏时应注意安全防护，要避免药液同皮肤直接接触。由于其具有较强的醇溶性，所以操作人员应注意在使用前后1天内不可饮酒。

　　（6）贮藏保存。放在儿童触摸不到的地方；于避光干燥处保存，不能与酸或碱放在一起。

三、科学升温

（一）冬促早栽培

　　根据各品种需冷量确定升温时间，待需冷量满足后方可升温。葡萄的自然休眠期较长，一般自然休眠结束多在12月初至翌年

105

1月中、下旬。如果过早升温，葡萄需冷量得不到满足，造成发芽迟缓，且不整齐、卷须多，新梢生长不一致，花序退化，浆果产量降低，品质变劣。

（二）春促早栽培

春促早栽培升温时间主要根据设施保温能力确定。一般情况下扣棚升温时间为在当地露地栽培葡萄萌芽时间的基础上提前2个月左右。

（三）秋促早栽培

于早霜来临前升温，防止叶片受霜冻危害。

第八章

环 境 调 控

一、光　　照

葡萄是喜光植物，对光的反应很敏感。光照充足时，枝叶生长健壮，树体的生理活动增强，营养状况改善，果实产量和品质提高，色香味增进。光照不足时，枝条变细，节间增长，表现徒长，叶片变黄、变薄，光合效率低，果实着色差，或不着色，品质变劣（图8-1）。而光照强度弱，光照时数短，光照分布不均匀，光质差、紫外线含量低是葡萄设施栽培存在的关键问题，必须采取措施改善设施内光照条件。

图8-1　光照不足葡萄叶片翻卷，严重黄化脱落

（一）从设施本身考虑，提高透光率

建造方位适宜、采光结构合理的设施（详见第一节设施选择与建造），同时尽量减少遮光骨架材料，并采用透光性能好、透光率衰减速度慢的透明覆盖材料（聚乙烯棚膜、聚氯乙烯棚膜和醋酸乙烯－乙烯共聚棚膜，即EVA等3种常用大棚膜，综合性能以EVA为最佳），并经常清扫。

（二）从环境调控角度考虑，延长光照时间，增加光照强度，改善光质

正确揭盖草苫和保温被等保温覆盖材料，并使用卷帘机等机械设备以尽量延迟光照时间；挂铺反光膜（图8-2）或将墙体涂为白色（冬季寒冷的东北、西北等地区考虑到保温要求墙体不能涂白），以增加散射光；利用补光灯进行人工补光（图8-3），以增加光照强度；安装紫外线灯补充紫外线（可有效抑制设施葡萄营养生长促进生殖生长，促进果实着色和成熟，改善果实品质；注意开启紫外线灯补充紫外线时操作人员不能入内），采用转光膜改善光质等措施可有效改善棚室内的光照条件。

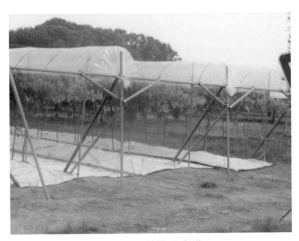

图8-2　铺设反光膜

（三）从栽培技术角度考虑，改善光照

图8-3　补光灯

植株定植时采用采光效果良好的行向；合理密植，并采用高光效树形和叶幕形；采用高效肥水利用技术，可显著改善设施内的光照条件，提高叶片质量，增强叶片光合效能；合理恰当的修剪，可显著改善植株光照条件，提高植株光合效能。

二 、 温 度

栽培设施为其中的葡萄生长创造了先于露地生长的温度条件。设施内温度调节的适宜与否，严重影响栽培的其他环节，其主要包括气温调控和地温调控两方面的内容。

气温调控：一般认为葡萄设施栽培的气温管理有四个关键时期：休眠解除期、催芽期、开花期和果实生长发育期。

地温调控：设施内的地温调控技术主要是指提高地温技术，使地温和气温协调一致。葡萄设施栽培，尤其是早熟促成栽培中，设施内地温上升慢，气温上升快，地温、气温不协调，造成发芽迟缓，花期延长，花序发育不良，严重影响葡萄坐果率和果粒的第一次膨大生长。另外，地温变幅大，严重影响根系的活动和功能发挥（图8-4）。

图8-4　边行由于地温过低，植株生长异常，丧失商业价值

109

（一）气温调控

1. 调控标准

（1）休眠解除期。休眠解除期的温度调控适宜与否和休眠解除日期的早晚密切相关。如温度调控适宜则休眠解除日期提前；如温度调控欠妥当则休眠解除日期延后。调控标准：尽量使温度控制在0～9℃。从扣棚降温开始到休眠解除所需日期因品种差异很大，一般为25～60天。

（2）催芽期。催芽期升温快慢与葡萄花序发育和开花坐果等密切相关。升温过快，导致气温和地温不能协调一致，严重影响葡萄花序发育及开花坐果。调控标准：缓慢升温，使气温和地温协调一致。第一周白天15～20℃，夜间5～10℃；第二周白天15～20℃，夜间7～10℃；第三周至萌芽白天20～25℃，夜间10～15℃。从升温至萌芽一般控制在25～30天。

（3）新梢生长期。日平均温度与葡萄开花早晚及花器发育、花粉萌发和授粉受精及坐果等密切相关。调控标准：白天20～25℃；夜间10～15℃，不低于10℃。从萌芽到开花一般需40～60天。

（4）花期。低于14℃时影响开花，引起授粉受精不良，子房大量脱落；35℃以上的持续高温会产生严重日烧。此期温度管理的重点是避免夜间低温，其次还要注意避免白天高温的发生。调控标准：白天22～26℃；夜间15～20℃，不低于14℃。花期一般维持7～15天。

（5）浆果发育期。温度不宜低于20℃。积温因素对浆果发育速率影响最为显著。如果热量累积缓慢，浆果糖分累积及成熟过程变慢，果实采收期推迟。调控标准：白天25～28℃；夜间20～22℃，不宜低于20℃。

（6）着色成熟期。适宜温度为28～32℃，低于14℃时果实不能正常成熟。昼夜温差对养分积累有很大的影响。温差大时，浆果含糖量高，品质好，温差大于10℃以上时，浆果含糖量显著提高。此期调控标准：白天28 ~ 32 ℃ ；夜间14 ~ 16 ℃ ，不低于14 ℃ ；昼夜温差10 ℃以上 。

2.调控技术

（1）保温技术。优化棚室结构，强化棚室保温设计（日光温室方位南偏西5°~ 10°，墙体采用异质复合墙体。内墙采用蓄热载热能力强的建材，如石头和红砖等，并可采取穸形结构增加内墙面积，以增加蓄热面积，同时，将内墙涂为黑色，以增加墙体的吸热能力；中间层采用保温能力强的建材，如泡沫塑料板；外墙为砖墙或采用土墙等），选用保温性能良好的保温覆盖材料，并正确揭盖、多层覆盖，挖防寒沟，人工加温（图8-5）。

煤炉加温

燃油炉加温

土火墙加温

图8-5 人工加温

图8-6　高温日烧

（2）降温技术。通风降温，注意通风降温顺序为先放顶风，再放底风，最后打开北墙通风窗进行降温；喷水降温，注意喷水降温必须结合通风降温，防止空气湿度过大；遮阴降温，这种降温方法只能在催芽期使用。如果不注意降温，易产生日烧（图8-6）。

（二）地温调控

（1）起垄栽培结合地膜覆盖。该措施切实有效。

（2）建造地下火炕或地热管和地热线。该项措施对于提高地温最为有效，但成本过高，目前我国基本没有应用。

（3）在人工集中预冷过程中合理控温。

（4）生物增温器。利用秸秆发酵释放热量提高地温。

（5）挖防寒沟。防寒沟如果填充保温苯板厚度以5～10厘米为宜，如果填充秸秆杂草（最好用塑料薄膜包裹）厚度以20～40厘米为宜；防寒沟深度以大于当地冻土层深度20～30厘米为宜。防止温室内土壤热量传导到温室外。

（6）将温室建造为半地下式。

三、湿 度

空气湿度也是影响葡萄生育的重要因素之一。相对湿度过高，会使葡萄的蒸腾作用受到抑制，并且不利于根系对矿质营养的吸收和体内养分的输送。持续的高湿度环境易使葡萄徒长，影响开花结实，并且易发多种病害。同时，使棚膜上凝结大量水滴，造成光照强度下降。而相对湿度持续过低不仅影响葡萄的授粉受精，而且影响葡萄的产量和品质。设施栽培由于避开了自然雨水，为人工调控土壤及空气湿度创造了方便条件。

（一）调控标准

1. **催芽期** 土壤水分和空气湿度不足，不仅延迟葡萄萌芽，还会导致花器发育不良，小型花和畸形花增多；而土壤水分充足和空气湿度适宜，则葡萄萌芽整齐一致，小型花和畸形花减少，花粉生活力提高。调控标准：空气相对湿度要求90%以上，土壤相对湿度要求70%～80%。

2. **新梢生长期** 土壤水分和空气湿度不足，严重影响葡萄新梢正常生长，同时，影响花序发育；而土壤水分充足和空气湿度过高，则葡萄新梢生长过旺，并且容易诱发多种病害。调控标准：空气相对湿度要求60%左右，土壤相对湿度要求70%～80%为宜。

3. **花期** 土壤和空气湿度过高或过低均不利于开花、坐果。土壤湿度过高，新梢生长过旺，往往会造成营养生长与生殖生长的养分竞争，不利于花芽分化和开花、坐果，导致坐果率下降。同时，树体郁闭，容易导致病害蔓延。土壤湿度过低，新梢生长缓慢或停长，光合速率下降，严重影响授粉受精和坐果。空气湿度过高，树体蒸腾作用受阻，影响根系对矿质元素的吸收和利用，而且导致花药开裂慢，花粉散不出去，花粉破裂和病害蔓延。空气湿度过低，柱头易干燥，有效授粉寿命缩短，进而影响授粉受精和坐果。调控标准：空气相对湿度要求50%左右，土壤相对湿度要求65%～70%为宜。

4.浆果发育期　浆果的生长发育与水分关系也十分密切。在浆果快速生长期，充足的水分供应，可促进果实的细胞分裂和膨大，有利于产量的提高。调控标准：空气相对湿度要求60%～70%，土壤相对湿度要求70%～80%为宜。

5.着色成熟期　过量的水分供应往往会导致浆果的晚熟、糖分积累缓慢、含酸量高、着色不良，造成果实品质下降。因此，在浆果成熟期适当控制水分的供应，可促进浆果的成熟和品质的提高。但控水过度也可使糖度下降，并影响果粒增大，而且控水越重，浆果越小，最终导致减产。调控标准：空气相对湿度要求50%～60%，土壤相对湿度要求55%～65%为宜。

（二）调控技术

1.降低空气湿度技术

（1）通风换气。是经济有效的降湿措施，尤其是室外湿度较低的情况下，通风换气可以有效排除室内的水汽，使室内空气湿度显著降低。

（2）全园覆盖地膜。土壤表面覆盖地膜（图8-7）可显著减少土壤表面的水分蒸发，有效降低室内空气湿度。

图8-7　土壤覆盖地膜

(3) **改革灌溉制度。** 改传统漫灌为膜下滴／微灌或膜下灌溉（图8-8）。

图8-8　膜下滴灌或微灌

　　(4) **升温降湿。** 冬季结合采暖需要进行室内加温，可有效降低室内相对湿度。

　　(5) **防止塑料薄膜等透明覆盖材料结露。** 为避免结露，应采用无滴消雾膜或在透明覆盖材料内侧定期喷涂防滴剂，同时在构造上，需保证透明覆盖材料内侧的凝结水能够有序流到前底角处。

　　2．增加空气湿度技术　喷水增湿。

　　3．土壤湿度调控技术　主要采用控制浇水的次数和每次灌水量来解决。

四、二氧化碳

　　设施条件下，由于保温需要，常使葡萄处于密闭环境，通风换气受到限制，造成设施内CO_2浓度过低，影响光合作用。研究表明，当设施内CO_2浓度达室外浓度（340微克／克）的3倍时，光合速率提高2倍以上，而且在弱光条件下效果明显。天气晴朗时，从上午9时开始，设施内CO_2浓度明显低于设施外，使葡萄处于CO_2饥饿状态。因此，CO_2施肥技术对于葡萄设施栽培而言非常重要。

（一）二氧化碳施肥技术

1. 增施有机肥 在我国目前条件下，补充CO_2比较现实的方法是土壤中增施有机肥，而且增施有机肥同时还可改良土壤、培肥地力。

2. 施用固体CO_2气肥 由于对土壤和使用方法要求较严格，所以该法目前应用较少。

3. 燃烧法 燃烧煤、焦炭、液化气或天然气等产生CO_2（图8-9）。该法使用不当容易造成CO中毒。

图8-9　燃烧法补充二氧化碳

4. 干冰或液态CO_2 该法使用简便，便于控制，费用也较低，适合附近有液态CO_2副产品供应的地区使用。

5. 合理通风换气 在通风降温的同时，使设施内外二氧化碳浓度达到平衡。

6. 化学反应法 利用化学反应法产生CO_2，操作简单，价格较低，适合广大农村的情况，易推广（图8-10）。目前应用的方法有：盐酸—石灰石法、硝酸—石灰石法和碳铵—硫酸法，其中碳铵—硫酸法成本低、易掌握，在产生CO_2的同时，还能将不宜

图8-10　简易化学反应法二氧化碳施肥

在设施中直接施用的碳铵，转化为比较稳定的可直接用作追肥的硫酸铵，是现在应用较广的一种方法。但使用硫酸等具有一定危险性。

7. **二氧化碳生物发生器法**　利用生物菌剂促进秸秆发酵释放二氧化碳气体，提高设施内的二氧化碳浓度。该方法简单有效，不仅释放二氧化碳气体，而且增加土壤有机质含量，并且提高地温。具体操作：在行间开挖宽30～50厘米，深30～50厘米，长度与树行长度相同的沟槽，然后将玉米秸、麦秸或杂草等填入，同时，喷洒促进秸秆发酵的生物菌剂，最后秸秆上面填埋10～20厘米厚的园土。园土填埋时注意两头及中间每隔2～3米留一个宽20厘米左右的通气孔，为生物菌剂提供氧气，促进秸秆发酵发热。园土填埋完，从两头通气孔浇透水。

（二）CO_2施肥注意事项

于叶幕形成后开始进行CO_2施肥，一直到棚膜揭除后为止。一般在天气晴朗、温度适宜的天气条件下于上午日出1～2小时后开始施用，每天至少保证连续施用2～4个小时，全天施用或单独上午施用，并应在通风换气之前30分钟停止施用较为经济。阴雨天不能施用。施用浓度以1 000～1 500微升／升为宜。

五、有毒（害）气体

设施内有毒(害)气体主要是指氨气、一氧化碳和二氧化氮等。

（一）氨气（NH_3）

1. 来源

（1）施入未经腐熟的有机肥。是葡萄栽培设施内氨气的主要来源。主要包括鲜鸡禽粪、鲜猪粪、鲜马粪和未发酵的饼肥等。这些未经腐熟的有机肥经高温发酵后产生大量氨气，由于栽培设施相对密闭，氨气逐渐积累。

（2）施肥不当。大量施入碳酸氢铵化肥，也会产生氨气。

2. 毒害浓度和症状

（1）毒害浓度。当浓度达5～10毫克/升时氨气就会对葡萄产生毒害作用。

（2）毒害症状。氨气首先危害葡萄的幼嫩组织，如花、幼果和幼叶等。氨气从气孔侵入，受毒害的组织先变褐色，后变白色，严重时萎蔫枯死。

3. 氨气积累的判断　检测设施内是否有氨气积累，可采用pH试纸法。具体操作：在日出之前(放风前)把塑料棚膜等透明覆盖材料上的水珠滴加在pH试纸上，呈碱性反应就说明有氨气积累。

4. 减轻或避免氨气积累的方法　设施内施用充分腐熟的有机肥，禁用未腐熟的有机肥；禁用碳酸氢铵化肥；在温度允许的情况下，开启风口通风。

（二）一氧化碳（CO）

1. 来源　加温燃料的未充分燃烧。我国葡萄设施栽培中加温温室所占比例很小，但在冬季严寒的北方地区进行的超早期促早栽培，常需要加温，以保持较高的温度。另外，利用塑料大棚进行的春促早栽培，如遇到突然寒流降温天气，也需要人工加温以防冻害。

2.防止危害　主要是指防止一氧化碳对生产者的危害。

（三）二氧化氮（NO_2）

1.来源　主要来源是氮素肥料的不合理施用。土壤中连续大量施入氮肥，使亚硝酸向硝酸的转化过程受阻，而铵向亚硝酸的转化却正常进行，从而导致土壤中亚硝酸的积累，挥发后造成NO2的危害。

2.毒害症状　NO_2主要从叶片的气孔随气体交换而侵入叶肉组织，首先使气孔附近细胞受害，然后毒害叶片的海绵组织和栅栏组织，进而使叶绿体结构破坏，最终导致叶片呈褐色，出现灰白斑。一般葡萄的毒害浓度为2～3毫克/升。浓度过高时葡萄叶片的叶脉也会变白，甚至全株死亡。

3.防止危害的方法

（1）合理追施氮肥，不要连续大量施用氮素化肥。

（2）及时通风换气。

（3）若确定亚硝酸气体存在，并发生危害时，设施内土壤施入适量石灰，可明显减轻NO_2气体的危害。

第九章

花果管理

一、坐果率调控

（一）摘心

对生长势强的结果梢，在花前7～10天对花序上部进行扭梢。同时，留5～6片大叶摘心，可显著提高坐果率（巨峰等）。花期浇水、坐果后摘心，可显著降低坐果率（红地球等）。

（二）喷布氨基酸硼和氨基酸锌等叶面肥

葡萄缺锌、缺硼表现为叶片、果实生长不良（图9-1、图9-2）花前10天对叶片和花序喷布设施葡萄专用螯合氨基酸硼、螯合氨基酸锌叶面肥（中国农业科学院果树研究所研制）等，每隔7天左右喷一次，连续喷布2次。

图9-1 缺 锌

图9-2　缺　硼

（三）疏穗

　　一般在展叶4～6片时进行疏穗（图9-3），原则是如穗重超过500克，中庸新梢1个新梢对应1穗；强旺新梢1个新梢对应2穗或2个新梢对应3穗；弱新梢不留花穗，每新梢15～20片叶左右。如穗重低于500克，则中庸新梢1梢对应2穗或2个新梢对应3穗；强旺新梢1个新梢对应2～3穗。一般情况下中庸新梢留第一花穗，强旺新梢留第一和第二花穗或只留第二花穗。

图9-3　疏　穗

（四）整穗

为了获得穗形整齐美观、果粒大小均一的葡萄，疏穗结束后需及时进行整穗处理。

1. 有核结实时的花穗整形 一般于花前7天左右进行整穗，应及时去除歧穗、穗肩和穗尖，留果穗中部9～10厘米左右部分即可（图9-4）。

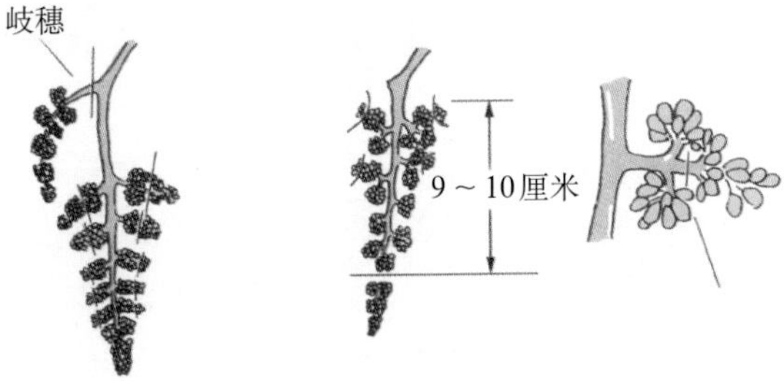

图9-4 有核结实的花穗整形
（歧穗疏除，过大过小穗缩短）

2. 有核品种无核处理时的花穗整形 对于巨峰系等大粒品种的无核处理，首先在花前1周尽早疏除歧穗和果穗肩部过大、小穗。在花前3天至开花当天，留花穗顶端3～3.5厘米，其余小穗全部疏除，在花穗中、上部，可留两个小花穗，作为识别标记（图9-5），在进行无核处理和膨大处理时，每次除去1个小穗，避免遗漏或重复处理。

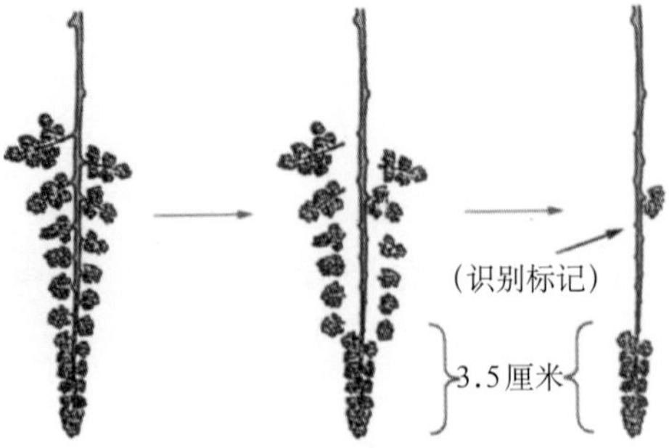

图9-5 无核处理的整穗方式

对于蓓蕾玫瑰等小粒品种的无核处理，在花前2～3周前后进行花穗整形，首先切除穗尖少部分小花，由穗尖向基部选留12～14个小花穗后，上部的小花留两个小穗作无核处理和果粒膨大处理的标志，其余小穗全部疏除。

　　3.无核品种的花穗整形　对于夏黑无核等无核品种，于花前1周尽早疏除歧穗和花穗基部2～3小穗，基部过大小穗的顶端要切除，过密小穗要部分疏除；轻掐穗尖或不掐穗尖，由穗尖向基部选留12～14个小花穗。

二、果实品质调控

（一）疏粒

　　疏粒标准：果粒可以自由转动，单穗重量400～600克（红地球除外）。

　　疏掉果穗中的畸形果、小果、病虫果以及比较密挤的果粒（图9-6）。一般在花后2～4周进行1～2次。第一次在果粒绿豆粒大小时进行，第二次在花生粒大小时进行。疏粒应根据品种的不同而确定相应的标准。自然平均粒重在6克以下的品种，每穗留60～80粒为宜；自然平均粒重在6～7克的品种，每穗留50～70粒；自然平均粒重在8～10克的品种，每穗留40～60粒；自然平均粒重大于11克的品种，每穗留35～40粒；红地球特殊每穗需保留80～100粒。

　　在修果穗、疏粒的时候由于某些品种，如红地球对伤及果穗穗轴及分枝梗都会影响果粒的生长，因此，

图9-6　疏　粒

在疏除花序分枝时不要太靠近花序主轴，疏果粒时不要太靠近花序果穗分支轴，注意保留一小段"桩"。

（二）套袋或打伞

套袋（图9-7、图9-9、图9-10）能显著改善果实的外观品质。疏粒完成后即可套袋。纸袋的选择根据品种而定。一般着色品种选用白色纸袋，绿、黄色品种选用黄色纸袋。对容易日烧（灼）的品种最好采取打伞栽培以减轻日烧（灼）（图9-8）。

图9-7 套袋栽培（着色品种套白袋）

图9-8 打伞栽培

图9-9 套袋栽培（绿黄色品种套白黄相间袋）

图9-10 套袋栽培
（绿黄色品种套黄袋）

（三）摘叶与疏梢

摘叶与疏梢可明显改善架面通风透光条件，有利于浆果着色。但摘叶不宜过早，以采收前10天为宜。如果采取了利用副梢叶技术，则老叶摘除时间可提前到果实开始成熟时。

疏梢一般每亩新梢留量在3 000 ～ 4 500个为宜。这样既能保证足够的新梢留量，又能保证通风透光。疏梢一般在新梢展叶5 ～ 7片叶时进行。

（四）合理使用植物生长调节剂

1.有核品种的无核处理　对于巨峰系等大粒品种的无核化处理，一般分两次进行：第一次于花满开（指100%花开放）前2 ～ 3日至满开后3日用12.5 ～ 50毫克/升赤霉素（GA_3）+200毫克/升链霉素（SM）浸渍花序以诱导无核；第二次于花满开后10 ～ 15天用25 ～ 50毫克/升赤霉素（GA_3）+3 ～ 5毫克/升吡效隆（CPPU）（CPPU浓度不能超过5毫克/升）浸渍或喷布果穗，以促进果粒膨大。处理的注意事项：①花穗开花早晚不同，应分批分次进行，特别是第一次诱导无核处理时，时期更要严格掌握。②赤霉素的重复处理或高浓度处理是穗轴硬化弯曲及果粒膨大不足的主要原因，要注意防止；浓度不足时又会使无核率降低，并导致成熟后果粒的脱落。③为了预防灰霉病等的为害，应将黏在柱头上的干枯花冠用软毛刷刷掉后再进行无核处理。④在进行果粒膨大处理时，浸穗后要振动果穗，使果粒下部黏附药液掉落，防止诱发药害。同时，注意果粒膨大处理最好在晴天进行。⑤赤霉素不能和碱性农药混用，也不能在无核处理前7天至处理后2天使用波尔多液等碱性农药。

对于蓓蕾玫瑰等小粒品种的无核处理，也是分两次进行。第一次在花满开（指100%花开放）前的12 ～ 14天用100毫克/升赤霉素（GA_3）浸渍花序以诱导无核；第二次于花满开后10 ～ 13天内，用100毫克/升赤霉素（GA_3）+5毫克/升吡效隆（CPPU）浸渍或喷布果穗，以促进果粒膨大。处理的注意事项：①花穗开花早晚不同，应分批分次进行，特别是第一次诱导无核处理时，时期更要严格掌握。主要根据例年有效积温累积判断，也可参照其他物候指标判断，大体上第一次无核处理的适宜时期是展叶12～13片，花穗的歧穗与穗轴成90°角，花穗顶端的花蕾稍微分开，此时花冠长度应在2.0～2.2毫米，花冠的中心部有微小的空洞。②对一些坐果不良的树，可添加100毫克/升的6-苄基腺嘌呤或3～5毫克/升吡效隆（CPPU）促进坐果。③气温超过30℃或低于10℃，不利药液吸收，同时提高空气湿度利于药液吸收。因此，最好在晴天的早晚进行，而避开中午。④如担心效果不好，可在盛花期再用100毫克/升赤霉素（GA$_3$）处理一次。⑤赤霉素不能和碱性农药混用，也不能在无核处理前7天至处理后2天使用波尔多液等碱性农药。

2. 无核品种的膨大处理　　对于夏黑无核等膨大处理，也分两次进行。第一次于花满开（指100%花开放）前2～3日至满开后3日即盛花期用25～50毫克/升赤霉素（GA$_3$）+200毫克/升链霉素（SM）（可不用）浸渍花序以拉长花序；第二次于花满开后10～15天用25～50毫克/升赤霉素（GA$_3$）+3～5毫克/升吡效隆（CPPU，CPPU浓度不能超过5毫克/升，可不用）浸渍或喷布果穗，以促进果粒膨大。处理的注意事项：①花穗开花早晚不同，应分批分次进行。特别是第一次诱导无核处理时，时期更要严格掌握。②赤霉素的重复处理或高浓度处理是穗轴硬化弯曲及果粒膨大不足的主要原因，要注意防止。③为了预防灰霉病等的为害，应将附在柱头上的干枯花冠用软毛刷刷掉后再进行无核处理。④在进行果粒膨大处理时，浸穗后要振动果穗，使果粒下部黏附药液掉落，防止诱发药害。同时，注意果粒膨大处理最好在晴天进行。⑤赤霉素不能和碱性农药混用，也不能在无核处理前7天至处理后2天使用波尔多液等碱性农药。

　　注意激素或植物生长调节剂的使用受环境影响很大。因此，各地在使用前首先试验，试验成功后方可大面积推广应用。在使用激素或植物生长调节剂时，还要切忌滥用或过量使用。

（五）环割或环剥

浆果着色前，在结果母枝基部或结果枝基部进行环割或环剥，可促进浆果着色，提前3～5天成熟，并能显著改善果实品质。

（六）挂铺反光膜

于地温达到适宜温度后挂铺反光膜，可显著改善果实品质，促进果实成熟。

（七）充分利用副梢叶

注意加强副梢叶片的利用。因为葡萄生长发育后期主要依靠副梢叶片进行光合，在设施葡萄栽培中更为明显。

（八）扭梢

于幼果发育期可显著抑制新梢旺长，促进果实成熟和改善果实品质及促进花芽分化。

（九）喷施氨基酸系列叶面肥

于幼果发育期至果实成熟期，每10天一次喷施氨基酸钙（中国农业科学院果树研究所研制）叶面肥；在浆果着色期每隔10天喷布一次氨基酸钾（中国农业科学院果树研究所研制）叶面肥。

（十）合理负载

按照兼顾品质和产量的要求，一般每亩产量控制在2 000千克左右。

三、功能性保健果品（葡萄）的生产

（一）功能性保健果品（葡萄）

1.富硒葡萄　硒是人体生命之源，素有"生命元素"之美称。

硒元素具有抗氧化，增强免疫系统功能，促进人类发育成长等多种生物学功能。硒能刺激免疫球蛋白及抗体产生，增强机体对疾病的抵抗能力，中止危险病毒的蔓延；能帮助甲状腺激素的活动，减缓血凝结，减少血液凝块，维持心脏正常运转，使心律不齐恢复正常；能增强肝脏活性，加速排毒，预防心血管疾病；能预防传染病，减少由自身免疫疾病引发的炎症，如类风湿性关节炎和红斑狼疮等；硒还参与肝功能与肌肉代谢，能增强创伤组织的再生能力，促进创伤的愈合；硒能保护视力，预防白内障发生，能够抑制眼晶体的过氧化损伤；具有抗氧化、延长细胞老化、防衰老的独特功能。硒与锌、铜及维生素E、维生素C、维生素A和胡萝卜素协同作用，抗氧化效力要高几百几千倍，在肌体抗氧化体系中起着特殊而重要的作用。

缺硒可导致人体出现四十多种疾病的发生。1979年1月国际生物化学学术讨论会上，美国生物学家指出"已有足够数据说明硒能降低癌症发病率"。据国家医疗部门调查，我国8省24个地区严重缺硒，该类地区癌症发病率呈最高值。我国几大著名的长寿地区都处在富硒带上。华中工学院对百岁老人的血样调查发现，90～100岁老人的血样硒含量正常超出35岁青壮年人的血样硒含量，可见硒能使人长寿。

硒对人体的重要生理功能越来越为各国科学家所重视，各国根据本国自身的情况都制定了硒营养的推荐摄入量。美国推荐成年男女硒的每日摄入量（RDI）分别为70微克／天和55微克／天，而英国则为75微克／天和60微克／天。中国营养学会推荐的成年人摄入量为50～200微克／天。

人体中硒主要从日常饮食中获得。因此，食物中硒的含量直接影响人们日常硒的摄入量。食物硒含量受地理影响很大。土壤硒的不同造成各地食品中硒含量的极大差异。土壤含硒量在0.6毫克／千克以下，就属于贫硒土壤。我国除湖北恩施、陕西紫阳等地区外，全国72%的国土都属贫硒或缺硒土壤。其中包括华北地区的京、津、冀等省（直辖市），华东地区的苏、浙、沪等省（直辖市）。这些区域的食物硒含量均不能满足人体需要，长期摄入严重缺硒食品，必然会造成硒缺乏疾病。中国营养学会对我国13个省（直辖市）调查表明，成人日平均硒摄入量为26～32微克，离中国营养学会推荐的最低限度50微克相距甚远。一般植物性食品含硒量比较低。因此，开发经济、方便，适合长期食用的富硒食品已经势在必行。

2.富锌葡萄　锌是动植物和人类正常生长发育的必需营养元素。它与80多种酶的生物活性有关。大量研究证明，锌在人体生长发育过程中具有极其重要的生理功能及营养作用，从生殖细胞到生长发育，从思维中心的大脑到人体的第一道防线皮肤，都有锌的功勋。因此，有人把锌誉为"生命的火花"。锌不仅是人体必需营养元素，而且是人类最易缺乏的微量营养物质之一。

锌缺乏对健康的影响是多方面的。人类的许多疾病如侏儒症、糖尿病、高血压、生殖器和第二性症发育不全、男性不育等都与缺锌有关。缺锌还会使伤口愈合缓慢、引起皮肤病和视力障碍。锌缺乏在儿童中表现得尤为突出。生长发育迟缓、身材矮小、智力低下是锌缺乏患者的突出表现。此外，还有严重的贫血、生殖腺功能不足、皮肤粗糙干燥、嗜睡和食土癖等症状。通常在锌缺乏的儿童中，边缘性或亚临床锌缺乏居多，有相当一部分儿童长期处于一种轻度的、潜在不易被察觉的锌营养元素缺乏状态，使其成为"亚健康儿童"。即使他们无明显的临床症状，但机体免疫力与抗病能力下降，身体发育及学习记忆能力落后于健康儿童。

锌在一般成年人体内总含量为2～3克，人体各组织器官中几乎都含有锌。人体对锌的正常需求量：成年人2.2毫克／天，孕妇3毫克／天，乳母5毫克／天以上。人体内由饮食摄取的锌，其利用率约为10%。因此，一般膳食中锌的供应量应保持在20毫克左右，儿童则每天不应少于28毫克，健康人每天需从食物中摄取15毫克的锌。从目前看，世界范围内普遍存在着饮食中锌摄入量不足，包括美国、加拿大、挪威等一些发达国家也是如此。在我国19个省进行的调查表明，60%学龄前儿童锌的日摄入量为3～6毫克。以往解决营养不良问题的主要策略是药剂补充、强化食品以及饮食多样化。药剂补充对迅速提高营养缺乏个体的营养状况是很有用的，但花费较大，人们对其可接受性差。一般植物性食品含锌量比较低。因此，开发经济、方便，适合长期食用的富锌食品已经势在必行。

（二）功能性保健果品（葡萄）的生产方法

中国农业科学院果树研究所在多年研究攻关的基础上，根据葡萄等果树硒和锌等元素的吸收运转规律，研发出氨基酸硒和氨基酸锌等富硒和富锌果树叶面肥（喷施该系列叶面肥不仅补充果品的硒和锌等元素生产富硒和富锌功能性保健果品，而且能显著提高果树光合效率、促进果树花芽分化、提高果树抗性、显著改善果实品质），并已申请专利。同时，建立了富硒和富锌功能性保健果品（葡萄）的生产配套技术。目前，富硒和富锌等功能性保健果品（葡萄）生产关键技术已经开始推广，富硒和富锌等功能性保健果品（葡萄）生产进入批量阶段。

富硒葡萄和富锌葡萄等功能性保健果品的生产方法：①富硒葡萄，于幼果发育期至果实成熟前两周，每10～15天喷施一次中国农业科学院果树研究所研制的氨基酸富硒叶面肥。②富锌葡萄，于花前10天左右至果实成熟前两周，每10～15天喷施一次中国农业科学院果树研究所研制的氨基酸锌富锌叶面肥。

第十章

更 新 修 剪

对于设施内新梢不能形成良好花芽的品种，需采取恰当的更新修剪方能实现设施葡萄促早栽培的连年丰产。主要采取的更新修剪方法，有短截更新、平茬更新和压蔓更新超长梢修剪3种更新修剪方法。其中短截更新又分为完全重短截（图10-1）更新和选择性重短截（图10-3）更新两种方法。

一、重短截更新

（一）完全重短截

对于果实收获期在6月初之前的葡萄品种，如夏黑无核等采取完全重短截与重回缩相结合的方法。于浆果采收后，根据不同树形要求，将预留作更新梢的原结果新梢或发育新梢留1～2个饱满

图10-1　完全重短截

图10-2　枝条和芽已经成熟变褐

芽进行重短截，逼迫其基部冬芽萌发新梢，培养为翌年的结果母枝；对于完全重短截时枝条和芽已经成熟变褐（图10-2）的品种如矢富萝莎等需对所留的饱满芽用10～20倍石灰氮上清液或葡萄专用破眠剂（中国农业科学院果树研究所专利产品）涂抹，以促进其萌发，其余新梢或结果母枝疏除。

更新梢短截前

更新梢短截后

图10-3　选择性重短截

（二）选择性重短截

对于果实收获期在6月初之后的品种，如红地球等采取选择性重短截的方法。在覆膜期间新梢管理时，首先根据不同树形要求选留部分新梢留5～7片叶，摘心，培养更新预备梢。重短截更新时，只将更新预备梢留1～2个饱满芽进行重短截，逼迫冬芽萌发新梢，培养为翌年的结果母枝；对于重短截时更新预备梢的枝条和芽已经成熟变褐的品种需对所留的饱满芽用10～20倍石灰氮上清液或葡萄专用破眠剂（中国农业科学院果树研究所专利产品）

涂抹，以促进其萌发；其余新梢在浆果采收后对于过密者疏除，剩余新梢或原结果母枝落叶后再疏除或回缩。

采用此法更新需配合相应树形和叶幕形。树形以单层水平形和单层水平龙干形为宜；叶幕形以"V+1"形叶幕或"半V+1"形叶幕为宜，非更新梢倾斜绑缚呈V形或半V形叶幕，更新预备梢采取直立绑缚呈"1"形叶幕。如果采取其他树形和叶幕形，更新修剪后所萌发更新梢处于劣势位置，生长细弱，不易成花。

该方法系中国农业科学院果树研究所葡萄课题组（国家葡萄产业技术体系综合研究室设施栽培岗位，中国设施葡萄协作网建设团队）首创，有效解决了果实收获期在6月初之后且棚内梢不能形成良好花芽的品种，如红地球等品种的连年丰产问题。

（三）注意事项

重短截时间越早，短截部位越低，冬芽萌发形成的新梢生长越迅速，花芽分化越好。一般情况下重短截时间最晚不迟于6月初。

重短截时间的确定原则是揭膜时重短截逼发冬芽副梢长度不能超过20厘米，并且保证冬芽副梢能够正常成熟。

重短截更新修剪所形成新梢的结果能力与母枝粗度关系密切。一般重短截剪口直径在0.8～1.0厘米的新梢冬芽所萌发的新梢结果能力强。

二、平茬更新

浆果采收后，保留老枝叶1周左右，使葡萄根系积累一定的营养，然后从距地面10～30厘米处平茬，促使葡萄母蔓上的隐芽萌发，然后选留一健壮新梢培养为翌年的结果母枝。该更新方法适合高密度定植采取地面枝组型单蔓整枝的设施葡萄园，平茬更新（图10-4）时间最晚不晚于6月初，越早越好。过晚，更新枝生长时间短，不充实，花芽分化不良，花芽不饱满，严重影响翌年产量。因此，对于果实收获期过晚的葡萄品种不能采取该方法进行更新修剪。

利用该法进行更新修剪对植株影响较大，树体衰弱快。

图10-4　平茬更新

三、压蔓更新，超长梢修剪（补救措施）

揭除棚膜后，根据树形要求在预备培养为翌年结果母枝的发育梢或结果梢上选择1～2个健壮新梢（夏芽副梢或逼发的冬芽副梢）于露天条件下延长生长，将其培养为翌年的结果母枝，待露天延长梢（即所留新梢的露天延长生长部分）长至10片叶左右时，留8～10片叶摘心。为防止某些生长势强旺品种的新梢徒长，可于新梢中、下部进行环割或环剥处理，抑制新梢旺长。晚秋落叶后，将培养好的结果母枝棚内生长的下半部分压倒盘蔓或压倒到对面行上串行绑缚，而对于其揭除棚膜后生长的上半部分，根据品种特性，采取中短梢或长梢修剪。待萌芽后，再选择结果母枝棚内生长的下半部分，靠近主蔓处萌发的新梢培养为预备梢继续进行更新管理（图10-5）。管理方法同上年。待落叶冬剪时，将培养的结果母枝前面的已经结过果的枝组部分进行回缩修剪，回缩至培养的结果母枝处，防止种植若干年后棚内布满枝蔓，影响正常的管理。以后每年重复上述管理进行更新管理。该更新修剪方法不受果实成熟期的限制，但管理较烦琐。

图10-5　压蔓更新，超长梢修剪

四、配套措施

（一）对于采取平茬更新或完全重短截更新修剪的植株

在平茬和完全重短截的同时需结合进行断根处理（图10-6），然后增施有机肥和以氮肥为主的化肥如尿素和二铵等，以调节地上地下平衡，补充树体营养，防止冬芽萌发新梢黄化和植株老化。待新梢长至20厘米左右时，开始叶面喷肥，一般每7～10天喷施一次氨基酸叶面微肥。待新梢长至80厘米左右时，施用一次以钾肥为主的复合肥，并掺施适量硼砂，叶面肥改为氨基酸硼和氨基酸钾混合喷施，每10天左右喷施一次。

图10-6　断根施肥

（二）对于采取压蔓更新超长梢修剪或选择性重短截更新的植株

一般于新梢长至20厘米左右时开始强化叶面喷肥，配方以氨基酸、氨基酸硼、氨基酸钙和氨基酸钾为宜。待果实采收后及时施用一次充分腐熟的牛、羊粪等农家肥或商品有机肥作为基肥，并混加葡萄专用肥和一定量的硼砂及过磷酸钙等，以促进更新梢的花芽分化和发育。

（三）叶片保护

叶片好坏直接影响翌年结果母枝的质量。因此，叶片保护工作对于培育优良结果母枝而言至关重要。主要通过强化叶面喷肥提高叶片质量和病虫害防治保护好叶片达到目的。

棚膜揭除的方法对于叶片保护而言同样非常重要（图10-7）。在棚膜揭除时一定要逐渐揭除，使叶片逐渐适应自然条件，减轻自然强光对叶片造成的光氧化，减缓叶片衰老。

副梢叶片的利用对于增强揭棚后树体的光合作用至关重要。因此，设施栽培葡萄副梢管理不同于露地栽培，对于摘心后萌发的顶端副梢应长至8～10片叶后摘心，以后依此类推，而不是将顶端副梢留1～2片叶反复摘心。揭棚后将衰老严重的老叶摘除，主要利用副梢叶进行光合作用制造营养。

图10-7　棚膜揭除过急造成叶片严重光氧化，基本失去光合效能

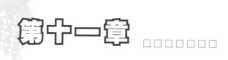

第十一章

病虫害综合防治

一、病虫害防治点

（一）休眠解除至催芽期

落叶后，清理田间落叶和修剪下的枝条，集中焚烧或深埋，并喷一次200～300倍液的80％必备或1：0.7：100倍波尔多液等；发芽前剥除老树皮，同时，喷施3～5波美度石硫合剂。对于上年病害发生严重的葡萄园，首先喷施美安后再喷施3～5波美度石硫合剂。

（二）新梢生长期

1.2～3叶期　是防治红蜘蛛、毛毡病、绿盲蝽、白粉病、黑痘病的非常重要的防治时期。发芽前后干旱，红蜘蛛、毛毡病、绿盲蝽、白粉病是防治重点；空气湿度大，黑痘病、炭疽病、霜霉病是防治重点。

2.花序展露期　该期重点防治炭疽病、黑痘病和斑衣蜡蝉。花序展露期空气干燥，斑衣蜡蝉、红蜘蛛、毛毡病、绿盲蝽和白粉病是防治重点；空气湿度大，黑痘病、炭疽病、霜霉病是防治重点。

3.花序分离期　是防治灰霉病、黑痘病、炭疽病、霜霉病和穗轴褐枯病的重要防治点，是开花前最为重要的防治点。

此期还是叶面喷肥防治硼、锌、铁等元素缺素症的关键时期。

4. 开花前2～4天　是灰霉病、黑痘病、炭疽病、霜霉病和穗轴褐枯病等病害的防治点。

（三）落花后至果实发育期

落花后是防治黑痘病、炭疽病和白腐病的防治点。如设施内空气湿度过大，霜霉病和灰霉病也是防治点。巨峰系品种要注意链格孢菌对果实表皮细胞的伤害。如果空气干燥，白粉病、红蜘蛛和毛毡病是防治点。

果实发育期要注意霜霉病、炭疽病、黑痘病、白腐病、斑衣蜡蝉和叶蝉等的防治。此期还是防治缺钙等元素缺素症的关键时期。

二、常用药剂

（一）防治虫害的常用药剂

防治红蜘蛛和毛毡病等使用杀螨剂，如阿维菌素、哒螨酮和四螨嗪等；防治绿盲蝽和斑衣蜡蝉等使用杀虫剂，如苦参碱、吡虫啉、高效氯氰菊酯和毒死蜱等。

（二）防治病害的常用药剂

防治白粉病常用嘧菌酯、苯醚甲环唑、氟硅唑、戊唑醇、吡唑醚菌酯、戴唑霉（抑霉唑）、甲氧基丙烯酸酯类等药剂。

防治黑痘病常用波尔多液、甲氧基丙烯酸酯类、代森锰锌、嘧菌酯、烯唑醇、苯醚甲环唑、氟硅唑、戊唑醇等药剂。

防治炭疽病常用波尔多液、代森锰锌、嘧菌酯、苯醚甲环唑、季铵盐类、吡唑醚菌酯、甲氧基丙烯酸酯类、戴挫霉等杀菌剂。

防治霜霉病常用波尔多液、甲氧基丙烯酸酯类、代森锰锌、嘧菌酯、烯酰吗啉、吡唑醚菌酯、甲霜灵和霜脲氰等杀菌剂。

防治灰霉病常用波尔多液、福美双、嘧菌酯和甲氧基丙烯酸酯类等药剂。

防治白腐病常用波尔多液、代森锰锌、甲氧基丙烯酸酯类、烯唑醇、嘧菌酯、苯醚甲环唑、戊唑醇、戴唑霉和氟硅唑等药剂。

（三）防治缺素症等生理病害的常用叶面肥

常用氨基酸螯合态或配合态的硼、锌、铁、锰、钙等防治缺素症效果较好的叶面肥，防治缺素引起的生理病害。

三、农艺措施

加强肥水管理，复壮树势，提高树体抗病力，是病害防治的根本措施；加强环境控制，降低空气湿度，是病害防治的有效措施。

第十二章

设施葡萄促早栽培周年管理历

一、科学定植期（3～4月）

一般于3～4月份按适宜株行距挖深60～80厘米，宽80～100厘米的定植沟，将底土和表土分开。定植沟南北（篱架）或东西（棚架）走向，然后回填（对于降水较少的干旱地区或漏肥、漏水严重的地区或地下水位过高的地区需要首先于沟底和两侧壁铺垫塑料薄膜然后再回填）。首先回填30厘米厚的秸秆杂草，然后回填与优质有机肥（10～20方/亩）充分混匀的表土至与地面相平，灌水沉实，再用与优质有机肥充分混匀的表土起1米宽，0.4米高的栽培垄（对于降水较少的干旱地区不需起垄）。将浸水24小时的优质壮苗粗根剪新茬后蘸泥浆（泥浆配方：生根粉＋杀菌杀虫剂＋水＋土），定植于定植沟或定植垄上，然后保留2～3个饱满品种芽剪截定干，并灌透水，覆盖地膜。如温室已经建成，可将定植时间提前到2月份，以加快树体成形。

二、促长整形期（4～7月）

萌芽后及时抹除砧木萌蘖和细弱新梢，每株葡萄留一健壮新梢。当新梢长至20～30厘米时，开始每7天叶面喷施一次设施葡萄专用氨基酸螯合叶面肥（中国农业科学院果树研究所研制专利产品），每半月每株土施一次25～50克尿素，并浇透水，直到

6月底为止。当新梢长至30～40厘米时，及时对所留新梢加以引缚，以利培养健壮新梢，并及时摘除卷须。同时，结合品种特性和整形要求（单层水平形或单层水平龙干形），加强副梢管理。一般对副梢留一叶绝后摘心，促使新梢生长健壮和花芽分化。当选留健壮新梢长至80厘米时，摘心。摘心后，顶端副梢继续延长生长，其余副梢留1叶绝后摘心，促主蔓充分发育。当顶端保留的延长梢长至40～60厘米时，进行第二次摘心，副梢处理同上，依此类推，进行第三、第四次摘心。结合叶面喷肥进行病虫害防治，按无公害果品生产要求选择农药。一般用烯酰吗啉、波尔多液、代森锰锌和霜脲氰等防治霜霉病；用波尔多液、代森锰锌、氟硅唑、烯唑醇和苯醚甲环唑等防治黑痘病；用波尔多液、代森锰锌、烟酰胺、甲基托布津和嘧霉胺等防治灰霉病；用波尔多液、代森锰锌、烟酰胺等防治炭疽病；用波尔多液、代森锰锌、烯唑醇和氟硅唑等防治白腐病；用阿维菌素、哒螨酮和四螨嗪等防治红蜘蛛和毛毡病等；用苦参碱、吡虫啉、高效氯氰菊酯和毒死蜱等防治蓟马和斑衣蜡蝉等。

三、控长促花期（7～10月）

控水控氮，增施磷、钾肥：7月上旬始每10天叶面喷施一次氨基酸硼和氨基酸钾（中国农业科学院果树研究所研制专利产品）叶面肥，直至10月上旬为止。7月下旬土施一次硫酸钾复合肥，亩用量30千克；8月下旬将硫酸钾化肥与腐熟优质有机肥混匀施入。每亩施腐熟优质有机肥5米^3，并混加生物有机肥500千克，并适当掺施硼砂和过磷酸钙等。施肥后立即浇透水。此期应适当控水。若土壤墒情好，一般不浇水，雨季注意排涝。　化学控长：7月中旬始叶面喷施多效唑或PBO，控长促花，喷施次数视葡萄树势而定，一般喷施2～3次即可。设施葡萄一般不提倡进行化学控长促花。　此期结合叶面喷肥继续做好病虫害防治。

四、休眠解除期

（一）冬促早栽培

10月中、下旬在葡萄叶片未受霜冻伤害时喷施一次200～300倍液的80%必备或1：0.7：100倍波尔多液等，并浇封冻水。然后扣棚，并覆盖草苫，开始进行人工集中预冷处理，使设施内温度尽量维持在0～9℃之间。同时，在此期间保留叶片让其自然脱落，待叶片脱落后，按照品种特性和整形要求，及时进行冬剪，并清理田间落叶和枝条，并剥除老树皮。

（二）春促早栽培

于落叶前后喷施一次200～300倍液的80%必备或1：0.7：100倍波尔多液等杀菌剂。于土壤封冻前按照品种特性和整形要求，及时进行冬剪，并清理落叶和枝条，剥除老树皮，并浇封冻水。然后对于需下架埋土防寒者及时进行下架埋土防寒，待出土后剥除老树皮。

五、催芽期

（一）冬促早栽培

待葡萄品种需冷量满足其2/3～3/4（一般因品种而异需25～60天）时，白天揭开草苫开始升温，立即浇透水，升温2～3天后及时用葡萄破眠剂（综合破眠效果以中国农业科学院果树研究所研制的葡萄专用破眠剂——破眠剂1号为最佳）涂抹或喷施葡萄休眠芽或枝条，促进葡萄休眠解除，以使葡萄萌芽正常，且整齐；升温3～5天后喷施3波美度石硫合剂铲除残留病菌。此期温、湿度调控非常重要。需缓慢升温，使气温和地温升温协调一致。同时，保持较高的土壤湿度和空气湿度。温度调控标准：

第一周白天15 ～ 20℃，夜间5 ～ 10℃；第二周白天15 ～ 20℃，夜间7 ～ 10℃；第三周至萌芽白天20 ～ 25℃，夜间10 ～ 15℃。从升温至萌芽一般控制在25 ～ 35天为宜。湿度调控标准：空气相对湿度要求90%以上，土壤相对湿度要求70%～ 80%。待萌芽后再浇一次透水。此时可结合追施一次尿素等氮肥，如树体营养良好可不施。然后全园覆盖地膜，以降低空气湿度，减少或避免病害的发生。

（二）春促早栽培

扣棚升温时间因各地气候条件而异。一般于露地葡萄萌芽前2个月左右开始扣棚升温，然后立即浇透水，随后管理同冬促早栽培。

六、新梢生长期

从萌芽到开花一般需40 ～ 60天。待芽伸出后及时抹除砧木萌蘖及并生芽和过密芽。待3 ～ 4片叶展开时，开始叶面喷施设施葡萄专用叶面肥——氨基酸叶面肥（中国农业科学院果树研究所研制专利产品），以利于在叶片形成过程中补充营养，形成高质量的叶片。每隔7天喷施一次，连喷2 ～ 3次为宜。待展叶8 ～ 10片时按照品种特性和整形要求及时绑缚新梢，同时，开始进行CO_2施肥，直至解除棚膜为止（如采用CO_2生物发生器法进行CO_2施肥，则应于9月份结合施用基肥进行操作）。待花前1 ～ 2周，叶面喷施设施葡萄专用叶面肥氨基酸硼或氨基酸锌及氨基酸铁等。每隔7天喷施一次，连喷1 ～ 2次。待地温达到要求时，可于北墙或地面挂铺反光膜。温、湿度调控标准：气温白天20 ～ 25℃；夜间10 ～ 15℃，不低于10℃；空气相对湿度要求60%左右，土壤相对湿度要求70%～ 80%为宜。此期注意对红蜘蛛、毛毡病、绿盲蝽、斑衣蜡蝉、白粉病、灰霉病、黑痘病、炭疽病、霜霉病和穗轴褐枯病等病虫害的综合防治。其中2 ～ 3叶期要重点防治红蜘蛛、毛毡病、绿盲蝽、白粉病、黑痘病、炭疽病、霜霉病；花序展露期要重点防治炭疽病、黑痘病和斑衣蜡蝉；花序分离期要重点防治灰霉病、黑痘病、炭疽病、霜霉病和穗轴褐枯病；开花前2～4天重点防治灰霉病、黑痘病、炭疽病、霜霉病和穗轴褐枯病等病害。

七、花　　期

花期一般维持7～15天。花前一周如果土壤干旱可浇一次小水。同时，对生长势强的结果梢于2～3节处扭梢，于花序以上留5～6片大叶摘心，以提高坐果率（如巨峰等）。对于坐果率过高的品种，如红地球等一般需采取花期浇水和坐果后摘心的方法降低坐果率。同时，于开花前后10～15天，进行疏穗，使葡萄产量负载合理（一般亩产控制在1 500～2 000千克），原则是1～2个新梢对应1穗葡萄，每新梢大约15～20片叶左右。此期温度管理重点是避免夜间低温，其次还要注意避免白天高温的发生。调控标准：白天22～26℃；夜间15～20℃，不低于14℃；空气相对湿度要求50%左右，土壤相对湿度要求65%～70%为宜。

八、浆果发育期

此期温、湿度要求：气温白天25～28℃；夜间20～22℃，不宜低于20℃；空气相对湿度要求60%～70%，土壤相对湿度要求70%～80%为宜。

疏粒：于花后2～4周进行疏粒。疏掉果穗中的畸形果、小果、病虫果以及比较密挤的果粒。第一次在果粒绿豆粒大小时进行，第二次在果粒黄豆粒至花生粒大小时进行。自然平均粒重在6克以下的品种，每穗留60～80粒为宜；自然平均粒重在6～7克的品种，每穗留50～70粒；自然平均粒重在8～10克的品种，每穗留40～60粒；自然平均粒重大于11克以上的品种，每穗留35～40粒；红地球特殊每穗需保留80～100粒。

副梢管理：当新梢顶端萌发的副梢长至5～7片叶时，留5～7片叶，及时进行摘心。同时，抹除果穗以下副梢，对其余副梢均留1叶绝后摘心；待顶端二次副梢长至6～7片叶时，留5～6片叶，及时摘心，同样对其余副梢留1叶绝后摘心；待顶端三次副梢萌发后留1～2叶，反复摘心。

肥水管理：于花后1周开始每隔10～15天叶面喷施一次设施葡萄专用氨基酸钙叶面肥，直至浆果开始着色时结束。如要生产富硒功能性保健果品，此时需要喷施设施葡萄专用氨基酸硒叶面肥；待果实种子发育期即第一次膨大期结束时，依土壤情况适量追施氮、磷、钾复合肥等，同时浇一次水。最好采取膜下滴灌或微灌方式进行灌溉，并采取根系分区交替灌溉的灌溉方式。

此期注意对霜霉病、炭疽病、黑痘病、白腐病、斑衣蜡蝉和叶蝉等的综合防治，其中落花后要对防治黑痘病、炭疽病和白腐病等重点防治。

九、着色成熟期

此期温湿度要求：气温白天28～32℃，夜间14～16℃，不低于14℃，昼夜温差10℃以上；空气相对湿度要求50%～60%，土壤相对湿度要求55%～65%为宜。在葡萄浆果成熟前应严格控制灌水，应于采前15～20天停止灌水。

整形修剪：浆果开始着色前，可在结果母枝或结果枝基部进行环割或环剥，以促进浆果着色，可使葡萄提前3～5天成熟。同时，显著改善果实品质。在采收前10天左右将果穗以下各节老叶摘除，以改善架面通风透光。但如果采取了利用副梢叶技术，则老叶摘除时间可提前到果实开始成熟时。

肥水管理：于果实开始着色时追施适量钾肥，并浇水。同时，每隔10～15天叶面喷施一次设施葡萄专用氨基酸钾叶面肥或早熟宝（中国农业科学院果树研究所研制，可使果实提前7～10天成熟，并显著改善果实品质）。果实采收前10～15天停止喷施。

棚膜揭除：一般于5～6月上旬逐渐揭除棚膜，以改善设施内的光照条件。在揭除棚膜时一定要逐渐揭除，不能一次性揭除，否则将造成叶片伤害，严重影响叶片的光合作用。对于棚内新梢能够形成良好花芽的品种可不揭除棚膜。

十、更新期（5月至6月上旬）

对于棚内梢不能形成良好花芽的品种，必须进行更新修剪，方能实现设施葡萄促早栽培的连年丰产。

（1）对于果实成熟期在6月初之前的品种，采取完全重短截更新修剪。浆果采收后，保留老枝叶1周左右，使葡萄根系积累一定营养，然后根据不同树形要求，将预留作更新梢的原结果梢或发育梢留1～2个饱满芽进行重短截，逼迫其基部冬芽萌发新梢，培养为翌年的结果母枝；对于完全重短截时枝条和芽已经成熟变褐的品种，如矢富萝莎等，需对所留的饱满芽用10～20倍液石灰氮上清液涂抹，以促进其萌发；其余新梢或结果母枝疏除。在完全重短截的同时，需结合进行断根处理，然后增施有机肥和以氮肥为主的化肥，如尿素和二铵等，以调节地上、地下平衡，补充树体营养，防止冬芽萌发新梢黄化和植株老化。随后进入当年的育壮促花管理。待新梢长至20厘米左右时，开始叶面喷肥。一般每7～10天喷施一次氨基酸叶面微肥。待新梢长至80厘米左右时，施用一次以钾肥为主的复合肥，并掺施适量硼砂，叶面肥改为氨基酸硼和氨基酸钾混合喷施。每10天左右喷施一次。

（2）对于果实成熟期在6月初之后的品种，采取选择性重短截更新修剪。在覆膜期间新梢管理时，首先根据不同树形要求选留部分新梢留5～7片叶摘心，培养更新预备梢。重短截更新时，只将更新预备梢留1～2个饱满芽进行重短截，逼迫冬芽萌发新梢，培养为翌年的结果母枝。对于重短截时更新预备梢的枝条和芽已经成熟变褐的品种，需对所留的饱满芽用10～20倍液石灰氮上清液涂抹，以促进其萌发；其余新梢在浆果采收后对于过密者疏除，剩余新梢或原结果母枝落叶后再疏除或回缩。采用此法更新需配合相应树形和叶幕形。树形以单层水平形和单层水平龙干形为宜；叶幕形以"V+1"形叶幕或"半V+1"形叶幕为宜，非更新梢倾斜绑缚呈V形或半V形叶幕，更新预备梢采取直立绑缚呈"1"形叶幕。如果采取其他树形和叶幕形，更新修剪后所萌发更新梢处于劣势位置，生长细弱，不易成花。一般当更新梢长至20厘米左右时，开始强化叶面喷肥。配方以氨基酸、氨基酸硼、氨基酸钙和氨基酸钾等为宜。待果实采收后，及时施一次牛、羊粪等农家肥或商品有机肥作为基肥，并混加硫酸钾复合肥和一定量的硼砂及过磷酸钙等，以促进更新梢的花芽分化和发育。

参考文献

陈青云，李成华，等. 2009. 农业设施学 [M]. 北京：中国农业大学出版社.

高东升，王海波，等. 2005. 果树保护地栽培新技术 [M]. 北京：中国农业出版社.

贺普超，等. 1999. 葡萄学 [M]. 北京：中国农业出版社.

胡繁荣，等. 2008. 设施园艺 [M]. 上海：上海交通大学出版社.

贾克功，李淑君，任华中. 1999. 果树日光温室栽培 [M]. 北京：中国农业大学出版社.

孔庆山，等. 2004. 中国葡萄志 [M]. 北京：中国农业科学院技术出版社.

马承伟，等. 2008. 农业设施设计与建造 [M]. 北京：中国农业出版社.

马国瑞，石伟勇，等. 2002. 果树营养失调症原色图谱 [M]. 北京：中国农业出版社.

穆天民，等. 2004. 保护地设施学 [M]. 北京：中国林业出版社.

王海波，程存刚，刘凤之，等. 2007. 打破落叶果树芽休眠的措施 [J]. 中国果树 (2)：55-57.

王海波，王孝娣，刘凤之，等. 2007. 落叶果树无休眠栽培的原理与技术体系 [J]. 果树学报 (2)：210-214.

王海波，刘凤之，等. 2007. 中国果树设施栽培的八项关键技术 [J]. 温室园艺. (2)：48-51.

王海波，王宝亮，刘凤之，等. 2008. 葡萄促早栽培连年丰产关键技术 [J]. 中外葡萄与葡萄酒 (5)：25-28.

王海波，刘凤之，等. 2009. 落叶果树的需冷量和需热量 [J]. 中国果树 (2)：50-53.

王海波，刘凤之，等. 2009. 设施葡萄高光效、省力化树形和叶幕形[J]. 果农之友 (10)：36-38.

王海波，马宝军，刘凤之，等. 2009. 葡萄设施栽培的环境调控标准和调控技术[J]. 中外葡萄与葡萄酒 (5)：35-39.

王海波，马宝军，刘凤之，等. 2009. 葡萄设施栽培的温湿度调控标准和调控技术[J]. 温室园艺 (3)：19-20.

王海波，王宝亮，刘凤之，等. 2009. 葡萄设施栽培高光效省力化树形和叶幕形[J]. 温室园艺 (1)：36-39.

王海波，王宝亮，刘凤之，等. 2009. 中国设施葡萄常用品种的需冷量研究[J]. 中外葡萄与葡萄酒 (11)：20-25.

王海波，王孝娣，刘凤之，等. 2009. 中国果树设施栽培的现状、问题及发展对策[J]. 温室园艺 (8)：39-42.

王海波，王孝娣，刘凤之，等. 2009. 中国设施葡萄产业现状及发展对策[J]. 中外葡萄与葡萄酒 (9)：61-65.

王海波，王孝娣，刘凤之，等. 2010. 设施葡萄促早栽培光照调控技术[J]. 中外葡萄与葡萄酒 (3)：33-37.

王世平，张才喜，等. 2005. 葡萄设施栽培[M]. 上海：上海教育出版社.

张乃明，等. 2006. 设施农业理论与实践[M]. 北京：化学工业出版社.

张占军，赵晓玲，等. 2009. 果树设施栽培学[M]. 杨凌：西北农林科技大学出版社.

中国设施葡萄协作网，又称中国设施葡萄网，官方网站http://www.ssgrape.cn、http://www.设施葡萄.中国，是中国农业科学院果树研究所果树应用技术研究中心葡萄课题组在国家现代农业产业技术体系建设专项资金的资助下，依托国家葡萄产业技术体系综合研究室建设而成，是国家葡萄产业技术体系科技用户协作组的有机组成部分，以加强设施葡萄科研与生产技术需求的统一，加强设施葡萄苗木生产企业、设施设备生产企业、设施葡萄生产者/企业、农资企业、贮藏加工企业、流通贸易企业等设施葡萄产前、产中、产后环节各单位或个人的联系与协作，加快设施葡萄的科技成果转化，推动全国设施葡萄产业的健康和谐发展为根本宗旨。

中国设施葡萄协作网的主要任务范围：

（1）开展全国设施葡萄生产技术的交流与示范推广，加强全国设施葡萄及相关产业和领域的科研工作者、生产者或企业的联系与协作。

（2）调研全国设施葡萄产业技术需求，积极向国家葡萄产业技术研发中心提出设施葡萄技术研发建议，提高我国设施葡萄科研工作与产业技术需求的一致性。

（3）推广国家葡萄产业技术研发中心提出的设施葡萄新品种和科技成果，建立设施葡萄标准化示范基地。

（4）围绕我国设施葡萄产业发展的技术需求，举办各种形式的专业技术培训，传播推广设施葡萄的先进实用技术。

（5）加强设施葡萄苗木、农资、生产、贮藏加工和贸易流通等环节各单位或个人的联系、协作与信息交流，促进设施葡萄或相关产品的流通与销售，提高设施葡萄产业的经济效益。

刘凤之，研究员，硕士导师，国家葡萄产业技术体系综合研究室主任，设施栽培岗位科学家，现任中国农业科学院果树研究所所长，兼任第十一届全国政协委员，中国园艺学会常务理事，果树专业委员会主任，农业部果树专家技术指导组副组长，中国农学会葡萄分会副会长，中国农业科学院第五、六届学术委员会委员，中国农业科学院果树栽培与生理学科三级岗位杰出人才。多年从事葡萄科研与成果转化工作，曾先后主持或参加国家、省部级或地方科研课题16项，1991年获农业部科技进步三等奖1项，2007年获中国农业科学院科技进步一等奖1项，2008年获北京市科技进步一等奖和辽宁省科技进步三等奖各1项，2009年获国家科技进步二等奖(参加完成人)1项，2010年获中国农业科学院科学技术成果一等奖1项。主编科技著作6部，主持制订农业部行业标准2项，申请设施葡萄专用叶面肥等专利4项，共发表论文60多篇。2003年和2006年分别获全国农业科技普及先进个人和科技部科技星火计划项目实施先进个人等多项荣誉称号。

王海波，助理研究员，国家葡萄产业技术体系综合研究室设施栽培岗位骨干成员，现任中国农业科学院果树研究所果树应用技术研究中心副主任(主持工作)。长期从事设施果树与葡萄的科研和技术推广工作，主要研究方向为设施葡萄学，先后主持或参加国家、省部或地方科研课题9项，2008年获得山东省科学技术奖二等奖1项，主编或参编科技著作2部，申请设施葡萄专用叶面肥等专利4项，在《园艺学报》、《果树学报》、《植物生理学通讯》、《中外葡萄与葡萄酒》和《中国果树》等核心期刊上发表论文50多篇，2010年获得中国农业科学院优秀共产党员荣誉称号。

图书在版编目（CIP）数据

设施葡萄促早栽培实用技术手册：彩图版/刘凤之
，王海波主编．—北京：中国农业出版社，2010.12（2014.10 重印）
ISBN 978-7-109-15148-2

Ⅰ.①设… Ⅱ.①刘… ②王… Ⅲ.①葡萄栽培：温
室栽培-技术手册 Ⅳ.①S628.5-62

中国版本图书馆CIP数据核字（2010）第217698号

中国农业出版社出版
（北京市朝阳区农展馆北路2号）
（邮政编码 100125）
责任编辑 黄宇 舒薇

中国农业出版社印刷厂印刷 新华书店北京发行所发行
2011 年 1 月第 1 版 2014 年 11 月北京第 3 次印刷

开本：880mm×1230mm 1/32 印张：5
字数：131 千字 印数：12 001～15 000 册
定价：26.00元
（凡本版图书出现印刷、装订错误，请向出版社发行部调换）